벡터의 기초 및 심화과정

최 정 호

교육과학사

차 례

제1부 벡터의 기초과정

제2부 벡터의 심화과정

제1부

벡터의 기초과정

1. 벡터 정의

크기와 방향을 동시에 표시하는 것

스칼라－크기만 표시하는 것

2. 벡터 연산

2.1. 벡터의 합

평행사변형의 법칙

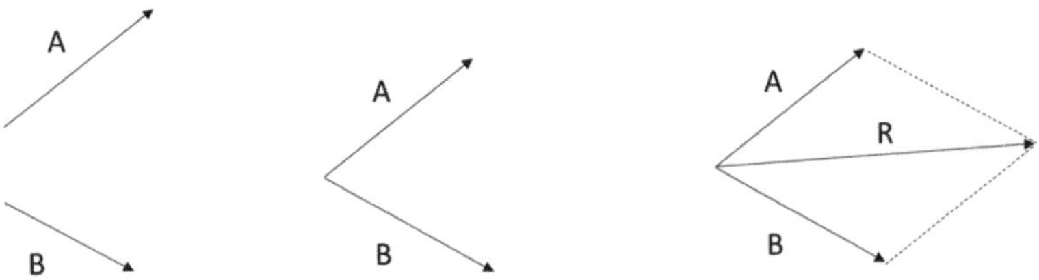

R=A+B
평행사변형 법칙

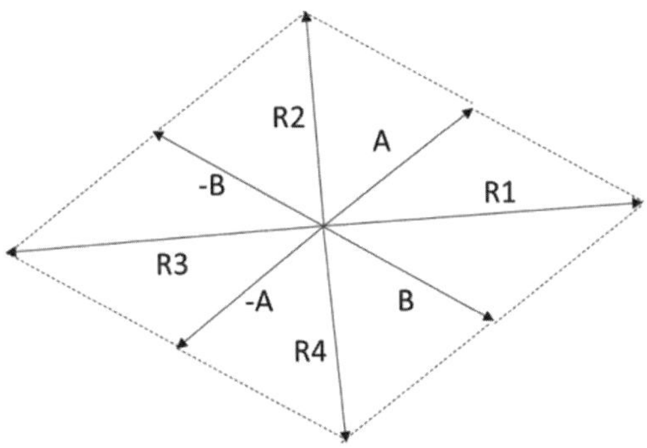

평행사변형의 법칙

R1＝A + B

R2＝A + (－B)

R3＝(－A) + (－B)

R4＝(－A) + B

삼각형의 법칙

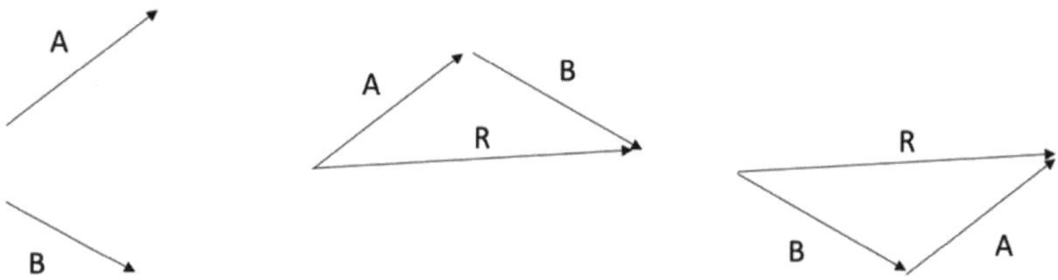

R=A+B
삼각형 법칙

R=A+B
삼각형 법칙

삼각형의 법칙

R1＝A + B

R2＝A + (－B)

R3＝(－A) + (－B)

R4＝(－A) + B

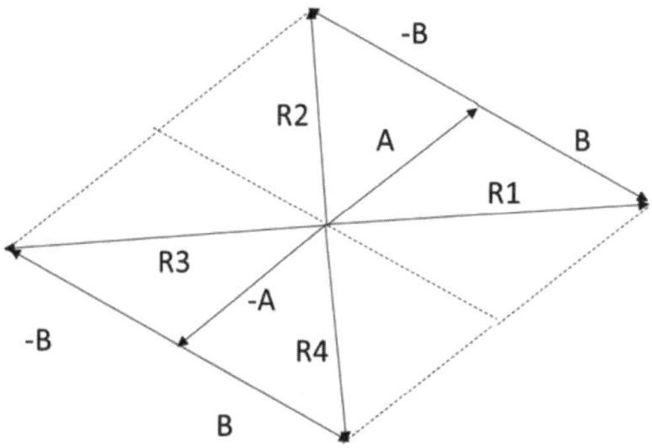

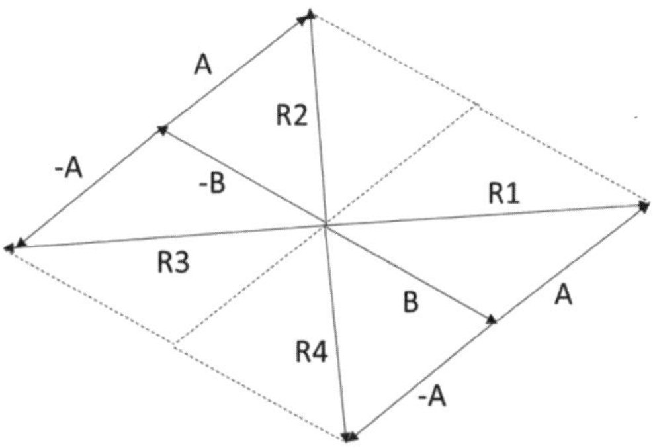

2.2. 벡터의 뺄셈

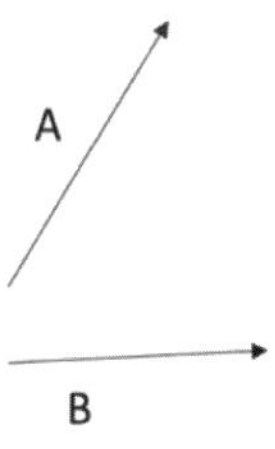

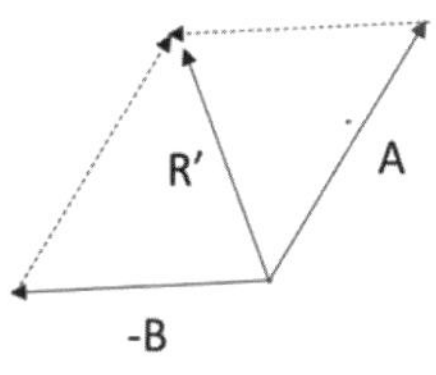

R'=A-B
평행사변형 법칙

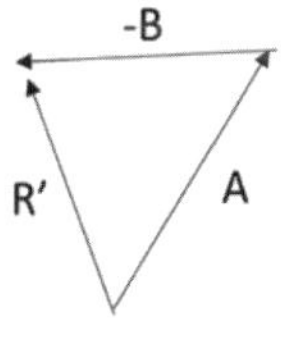

R'=A-B
삼각형 법칙

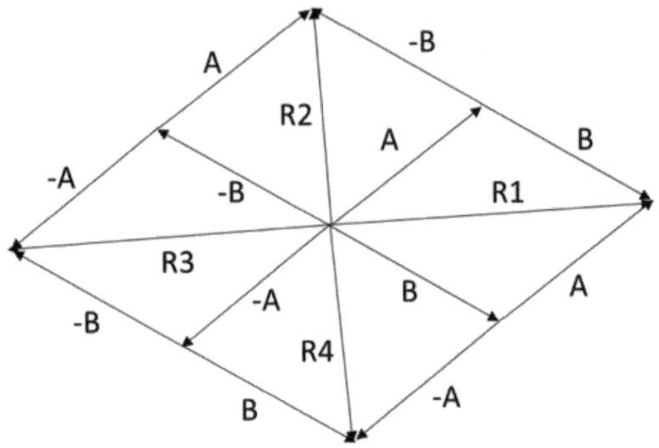

평행사변형의 법칙 / 삼각형의 법칙 적용

R1－A＝B

R2－(－B)＝A

R3－(－B)＝－A

R4－B＝－A

벡터의 덧셈, 빼셈은 동서남북의 모든 방향을 기준으로 생각을 해야 한다.

왜냐하면, 벡터는 크기와 방향을 모두 가지고 있기 때문이다.

또한, 벡터의 크기와 방향이 동일한 경우, 평행이동/수직이동/연장선상의 이동 등의 이동이 가능하다.

따라서, 벡터의 덧셈/빼셈은 항상 전방위 방향을 항상 고려해야 하며, 이동에 대해서도 생각을 해야 한다.

2.3. 힘의 벡터 합(2D)

두 개의 힘 F1과 F2의 벡터의 합으로 나타내면, 아래 그림과 같다.

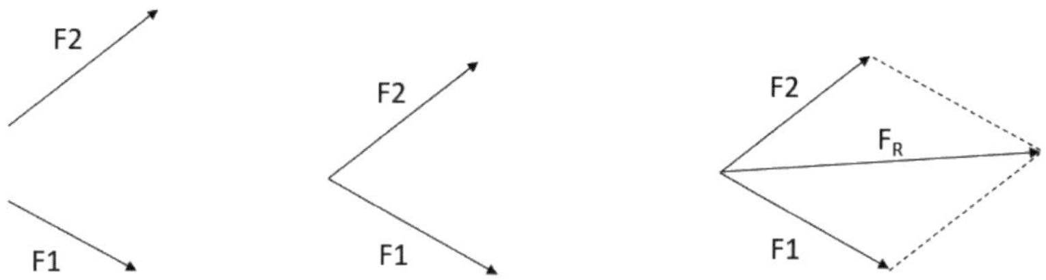

F_R = F1 + F2
평행사변형 법칙

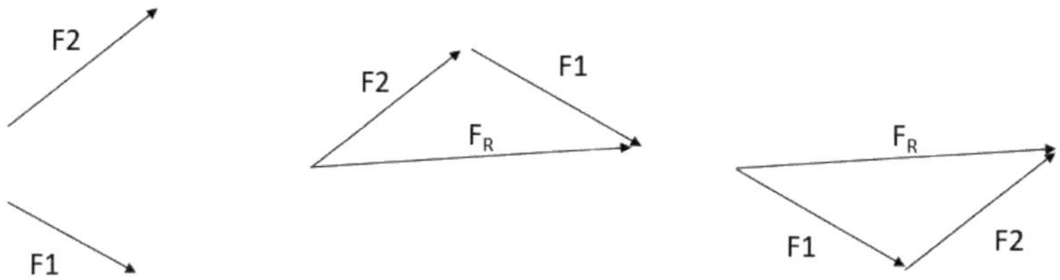

F_R = F1 + F2
삼각형 법칙

F_R = F1 + F2
삼각형 법칙

2D인 경우, 수평과 수직방향의 힘이 작용하는 경우, 아래 그림에 나타낸 것처럼 수평방향과 수직방향의 벡터로 나누어 적용을 하는 것이다.

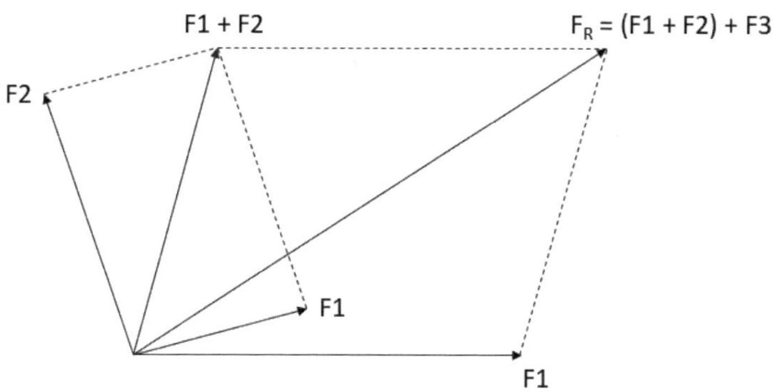

즉, 힘의 성분을 수평과 수직으로 나누어 생각을 해야 한다. 항상 힘과 연관되는 벡터가 제시되면, 반드시 수평성분 (F_x)과 수직성분(F_y)으로 나누어 생각을 하라.

삼각형인 경우, 공식을 이용하는 방법

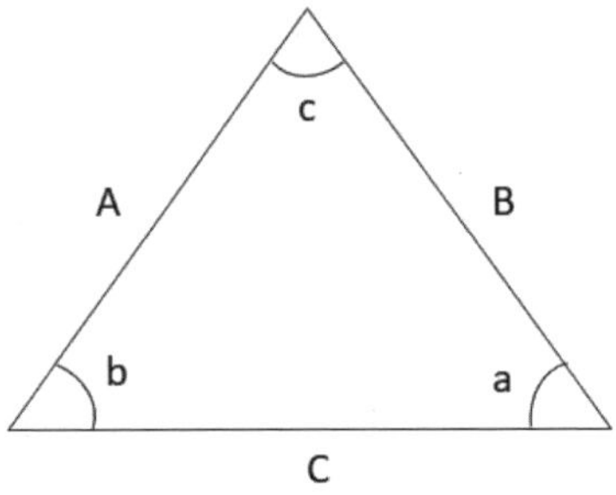

여현 법칙

$$C = \sqrt{A^2 + B^2 - 2AB \cdot \cos c}$$

정현 법칙

$$\frac{A}{\sin a} = \frac{B}{\sin b} = \frac{C}{\sin c}$$

3. 동일 평면에 작용하는 힘들의 합 (스칼라 표기법, 직교벡터 표기법)

[정의] 한 개의 힘이 x축 및 y축을 따라 두 개의 성분으로 분리될 때, 각 성분들은 직교성분이라 부르며, 스칼라표기법과 직교벡터 표기법으로 구분한다.

3.1. 스칼라 표기법

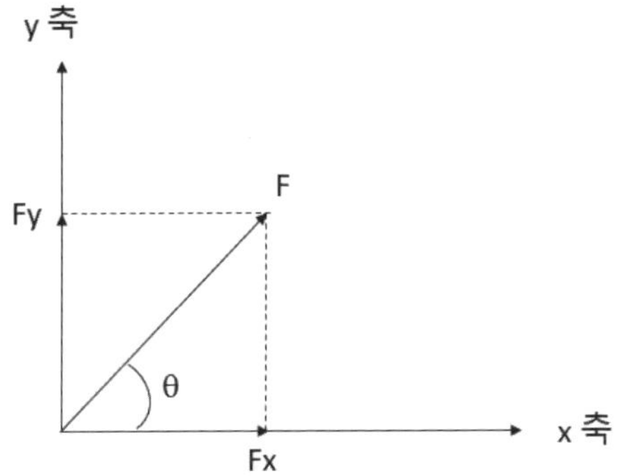

$$F_x = F \cdot \cos\theta$$

$$F_y = F \cdot \sin\theta$$

3.2. 직교벡터 표기법

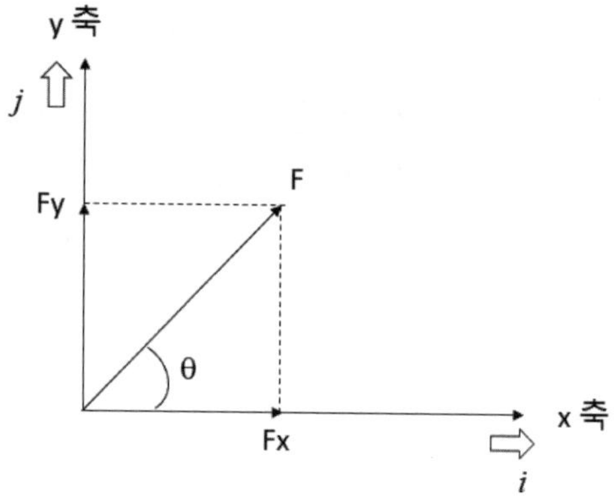

$$F = F_x i + F_y j = (F \cdot \cos\theta)i + (F \cdot \sin\theta)j$$

$$F_x = F \cdot \cos\theta$$

$$F_y = F \cdot \sin\theta$$

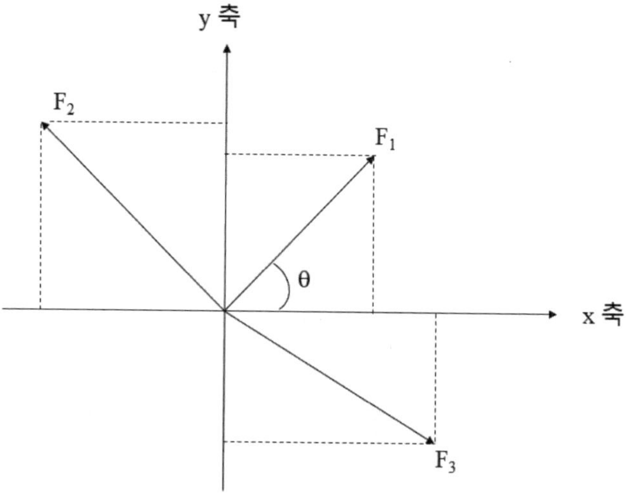

$$F_1 = \quad F_{1_x} i + F_{1y} j$$

$$F_2 = -F_{2_x} i + F_{2y} j$$

$$F_3 = \quad F_{3_x} i + F_{3y} j$$

$$\begin{aligned} F_R &= F_1 + F_2 + F_3 \\ &= F_{1_x} i + F_{1y} j - F_{2_x} i + F_{2y} j + F_{3_x} i + F_{3y} j \\ &= \left(F_{1_x} - F_{2_x} + F_{3_x}\right) i + \left(F_{1y} + F_{2y} + F_{3y}\right) j \\ &= \left(F_{R_x}\right) i + \left(F_{Ry}\right) j \end{aligned}$$

$$\overset{+}{\longrightarrow} F_{R_x} = F_{1_x} - F_{2_x} + F_{3_x} = \sum F_x$$

$$+\uparrow F_{R_y} = F_{1_y} + F_{2_y} + F_{3_y} = \sum F_y$$

$$\therefore \ F_R = \sqrt{\left(F_{Rx}\right)^2 + \left(F_{Ry}\right)^2}$$

$$\theta = \tan^{-1}\left(\left|\frac{F_{Ry}}{F_{Rx}}\right|\right)$$

4. 직교벡터(3차원, 3D)

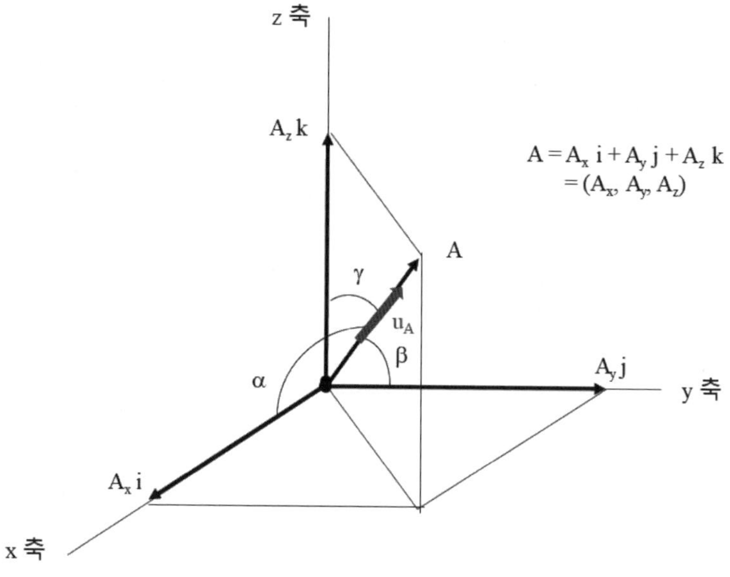

직교벡터의 표시

$$A = A_x i + A_y j + A_z k$$

직교벡터 → 좌표벡터로 변환 가능함.

$$A = A_x i + A_y j + A_z k = (A_x,\ A_y,\ A_z)$$

직교벡터의 크기

$$A = \sqrt{A_x^2 + A_y^2 + A_z^2}$$

직교벡터 방향

$$\cos\alpha = \frac{A_x}{A} = \frac{A_x}{\sqrt{(A_x)^2 + (A_y)^2 + (A_z)^2}},$$

$$\cos\beta = \frac{A_y}{A} = \frac{A_y}{\sqrt{(A_x)^2 + (A_y)^2 + (A_z)^2}},$$

$$\cos\gamma = \frac{A_z}{A} = \frac{A_z}{\sqrt{(A_x)^2 + (A_y)^2 + (A_z)^2}}$$

단위벡터 (u_A)

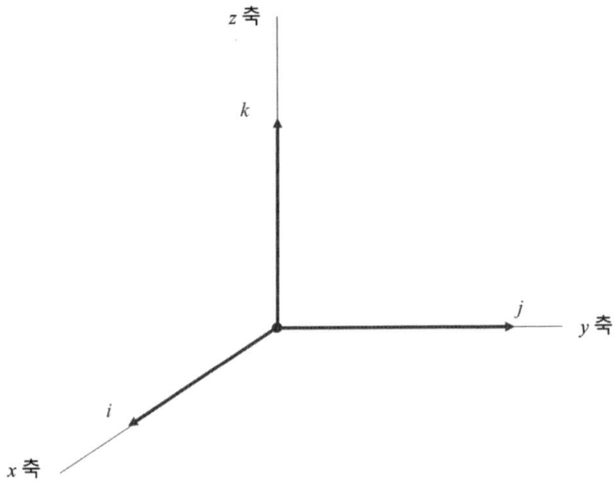

$$u_A = \frac{\overrightarrow{A}}{A} = \left(\frac{A_x}{A}\right)i + \left(\frac{A_y}{A}\right)j + \left(\frac{A_z}{A}\right)k$$
$$= (\cos\alpha)i + (\cos\beta)j + (\cos\gamma)k$$

$$|u_A| = \left|\frac{\vec{A}}{A}\right| = \left|\frac{A_x i + A_y j + A_z k}{\sqrt{(A_x)^2 + (A_y)^2 + (A_z)^2}}\right| = 1$$

$$(\cos\alpha)^2 + (\cos\beta)^2 + (\cos\gamma)^2 = 1$$

$$\begin{aligned}\vec{A} &= A \cdot u_A \\ &= A\left[(\cos\alpha)i + (\cos\beta)j + (\cos\gamma)k\right] \\ &= A\left[\left(\frac{A_x}{A}\right)i + \left(\frac{A_y}{A}\right)j + \left(\frac{A_z}{A}\right)k\right] \\ &= \left[(A_x)i + (A_y)j + (A_z)k\right]\end{aligned}$$

$where,$

$$A = \sqrt{(A_x)^2 + (A_y)^2 + (A_z)^2}$$

직교벡터의 덧셈과 뺄셈

$$\vec{A} = (A_x)i + (A_y)j + (A_z)k$$

$$\vec{B} = (B_x)i + (B_y)j + (B_z)k$$

$$\vec{R} = \vec{A} + \vec{B} = (A_x + B_x)i + (A_y + B_y)j + (A_z + B_z)k$$

$$\begin{aligned}F_R &= \sum F \\ &= \left(\sum F_x\right)i + \left(\sum F_y\right)j + \left(\sum F_z\right)k\end{aligned}$$

5. 위치벡터(r 벡터)

$x,\ y,\ z$ 좌표의 표기$=(x,\ y,\ z)$

위치벡터 표기: $r = xi + yj + zk$

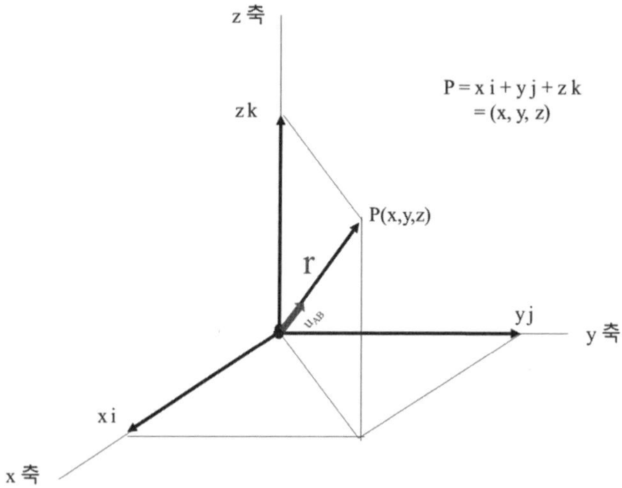

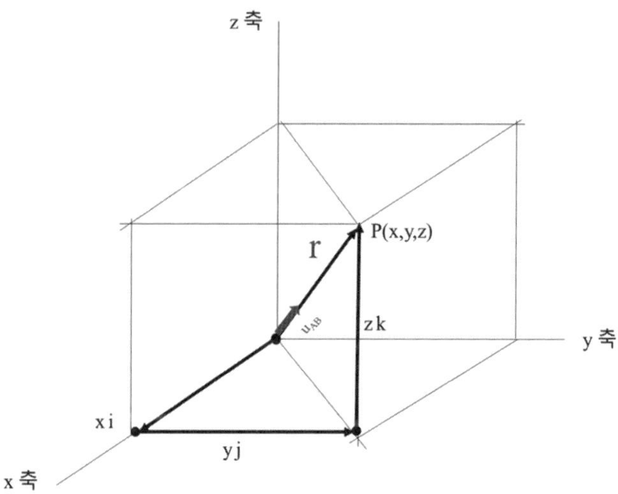

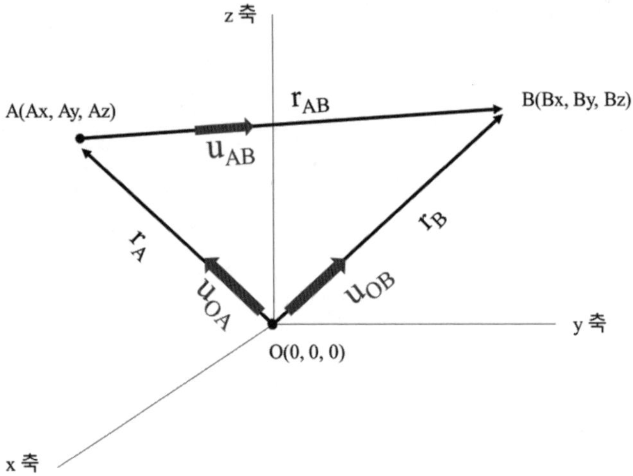

$$\overrightarrow{A} = A_x i + A_y j + A_z k = (A_x,\ A_y,\ A_z)$$

$$\overrightarrow{B} = B_x i + B_y j + B_z k = (B_x,\ B_y,\ B_z)$$

$$\overrightarrow{O} = O_x i + O_y j + O_z k = (0,\ 0,\ 0)$$

$$\overrightarrow{r_{AB}} = \overrightarrow{r_{OB}} - \overrightarrow{r_{OA}}$$

$$\overrightarrow{r_{AB}} = \left|\overrightarrow{r_{AB}}\right| \cdot \overrightarrow{u_{AB}}$$

$$\overrightarrow{r_{OA}} = \left|\overrightarrow{r_{OA}}\right| \cdot \overrightarrow{u_{OA}}$$

$$\overrightarrow{r_{OB}} = \left|\overrightarrow{r_{OB}}\right| \cdot \overrightarrow{u_{OB}}$$

$$\overrightarrow{u_{AB}} = \frac{\overrightarrow{r_{AB}}}{\left|\overrightarrow{r_{AB}}\right|} = \frac{(B_x - A_x)i + (B_y - A_y)j + (B_z - A_z)k}{\sqrt{(B_x - A_x)^2 + (B_y - A_y)^2 + (B_z - A_z)^2}}$$

$$\overrightarrow{u_{OA}} = \frac{\overrightarrow{r_{OA}}}{\left|\overrightarrow{r_{OA}}\right|} = \frac{(A_x - 0_x)i + (A_y - 0_y)j + (A_z - 0_z)k}{\sqrt{(A_x - 0_x)^2 + (A_y - 0_y)^2 + (A_z - 0_z)^2}}$$

$$\overrightarrow{u_{OB}} = \frac{\overrightarrow{r_{OB}}}{\left|\overrightarrow{r_{OB}}\right|} = \frac{(B_x - 0_x)i + (B_y - 0_y)j + (B_z - 0_z)k}{\sqrt{(B_x - 0_x)^2 + (B_y - 0_y)^2 + (B_z - 0_z)^2}}$$

6. 벡터의 내적

6.1. 직교성 / 수직성

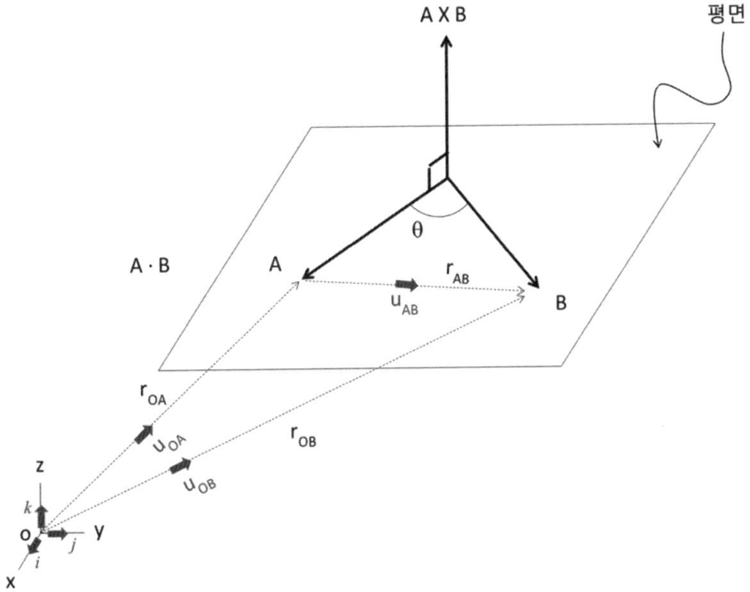

$$\overrightarrow{A} = A_x i + A_y j + A_z k = (A_x,\ A_y,\ A_z)$$

$$\overrightarrow{B} = B_x i + B_y j + B_z k = (B_x,\ B_y,\ B_z)$$

$$\overrightarrow{0} = 0_x i + 0_y j + 0_z k = (0,\ 0,\ 0)$$

$$\overrightarrow{A} \cdot \overrightarrow{B} = |\overrightarrow{A}||\overrightarrow{B}|\cos\theta = A_x B_x + A_y B_y + A_z B_z$$

$\overrightarrow{A} \cdot \overrightarrow{B} = 0 \rightarrow \theta = 90^o,$ $\overrightarrow{A}$와 $\overrightarrow{B}$가 이루는 내각은 수직

$$\overrightarrow{A} \cdot \overrightarrow{A} = |\overrightarrow{A}||\overrightarrow{A}|\cos 0 = |\overrightarrow{A}|^2$$

$$|\overrightarrow{A}| = \sqrt{A \cdot A}$$

$$\cos\theta = \frac{\vec{A}\cdot\vec{B}}{|\vec{A}||\vec{B}|} = \frac{\vec{A}\cdot\vec{B}}{\sqrt{A\cdot A}\sqrt{B\cdot B}}$$

벡터의 내적에 관한 성질

(1) $\vec{a}\cdot\vec{b}=\vec{b}\cdot\vec{a}$

(2) $(m\vec{a}+n\vec{b})\cdot\vec{c}=m\vec{a}\cdot\vec{c}+n\vec{b}\cdot\vec{c}$

(3) $\vec{a}\cdot\vec{a}=|\vec{a}|^2=0$ 이면 $\vec{a}=0$

(4) $|\vec{a}\cdot\vec{b}|\le|\vec{a}||\vec{b}|$

(5) $|\vec{a}+\vec{b}|\le|\vec{a}|+|\vec{b}|$

(6) $|\vec{a}+\vec{b}|^2+|\vec{a}-\vec{b}|^2=2(|\vec{a}|^2+|\vec{b}|^2)$

6.2. Cauchy-Schwarz 부등식

$$|\vec{a}\cdot\vec{b}|\le|\vec{a}||\vec{b}|$$

만일 두 벡터 중 어느 한 벡터가 O벡터라고 하면
제외한 부등식의 양쪽이 모두 0이다.
따라서, 두 벡터 모두 O벡터가 아니라고 가정하면, 사이각 θ에 대하여

$$\cos\theta = \frac{\vec{A}\cdot\vec{B}}{|\vec{A}||\vec{B}|} = \frac{\vec{A}\cdot\vec{B}}{\sqrt{A\cdot A}\sqrt{B\cdot B}}$$

이다.

$-1\le\cos\theta\le1$ 이므로

$$-1 \leq \frac{\vec{A} \cdot \vec{B}}{|\vec{A}||\vec{B}|} \leq 1$$

$$-|\vec{A}||\vec{B}| \leq \vec{A} \cdot \vec{B} \leq |\vec{A}||\vec{B}|$$

이다. 그러므로,

$$\vec{A} \cdot \vec{B} \leq |\vec{A}||\vec{B}|$$

7. 벡터의 외적

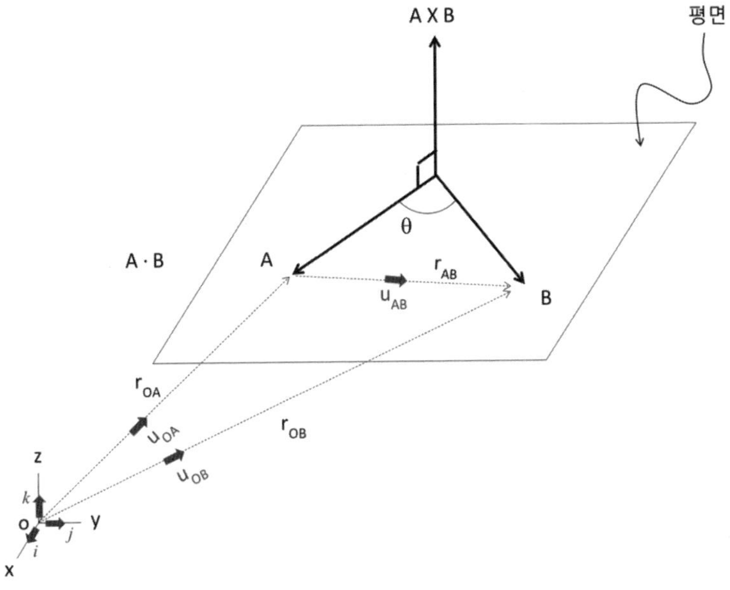

$$\vec{A} = A_x i + A_y j + A_z k = (A_x,\ A_y,\ A_z)$$

$$\vec{B} = B_x i + B_y j + B_z k = (B_x,\ B_y,\ B_z)$$

$$\vec{0} = 0_x i + 0_y j + 0_z k = (0,\ 0,\ 0)$$

$$\vec{A}\times\vec{B} = |\vec{A}||\vec{B}|\sin\theta = \begin{vmatrix} i & j & k \\ A_x & A_y & A_z \\ B_x & B_y & B_z \end{vmatrix}$$

$$= (A_yB_z - B_yA_z)i + (A_xB_z - A_zB_x)j + (A_xB_y - A_yB_x)k$$

$$\sin\theta = \frac{\vec{A}\times\vec{B}}{|\vec{A}||\vec{B}|}$$

벡터의 외적에 관한 성질

(1) $\vec{a}\times(\vec{b}+\vec{c}) = (\vec{a}\times\vec{b})+(\vec{b}\times\vec{c})$: 분배법칙

(2) $(\vec{a}+\vec{b})\times\vec{c} = (\vec{a}\times\vec{c})+(\vec{b}\times\vec{c})$: 분배법칙

(3) $\vec{b}\times\vec{a} = -(\vec{a}\times\vec{b})$: 교환법칙 성립 안함

(4) $\vec{a}\times(\vec{b}\times\vec{c}) \neq (\vec{a}\times\vec{b})\times\vec{c}$: 교환법칙 성립 안한

8. 벡터의 종합정리

8.1. 3차원 공간에서의 직선과 평면

(1) 직선의 벡터방정식

두 점 $P_1(x_1, y_1, z_1)$, $P_2(x_2, y_2, z_2)$를 지나는 직선 l의 벡터방정식

$$P_1P_2 = a$$

$$r = r_1 + ta$$

$$\overrightarrow{P_1P_2} = a$$

$$\overrightarrow{OP} = \overrightarrow{OP_1} + t\,\overrightarrow{P_1P_2}$$

$t =$ 임의의 실수

$r = r_1 + ta$

직선 l은 점 P과 P_2를 지나며 a에 평행하기 때문에 a를 직선 l의 방향벡터라고 함

직선 l을 성분으로 표현

$$\langle x, y, z \rangle = (x_1, y_1, z_1) + t(x_2 - x_1, y_2 - y_1, z_2 - z_1)$$
$$= \langle x_1 + t(x_2 - x_1), y_1 + t(y_2 - y_1), z_1 + t(z_2 - z_1) \rangle$$

$$\therefore \ x = x_1 + t(x_2 - x_1)$$

$$\therefore \ y = y_1 + t(y_2 - y_1)$$

$$\therefore \ z = z_1 + t(z_2 - z_1)$$

t에 관해 정리

$$t = \frac{x - x_1}{x_2 - x_1} = \frac{y - y_1}{y_2 - y_1} = \frac{z - z_1}{z_2 - z_1}$$

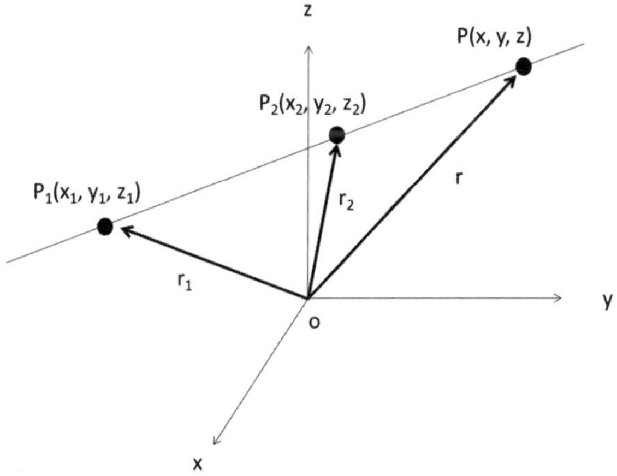

(2) 평면의 벡터방정식

한 점을 지나고 한 벡터에 수직인 평면

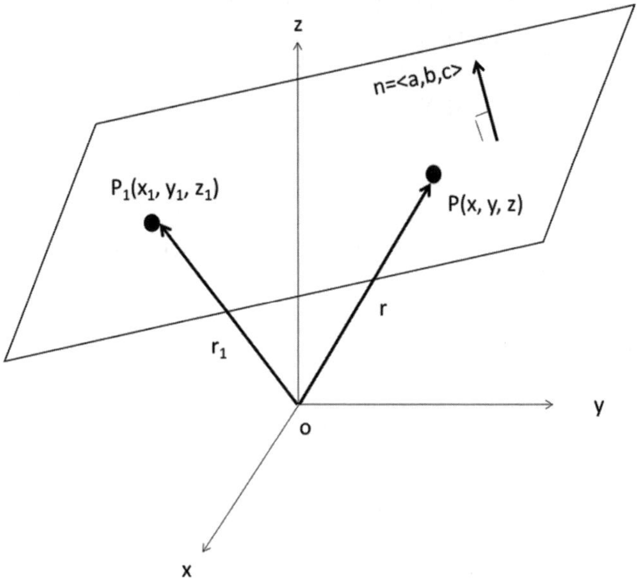

한 점 P을 지나고 n에 수직인 평면

$$\overrightarrow{OP} = r = \langle x, y, z \rangle$$

$$\overrightarrow{OP_1} = r_1 = \langle x_1, y_1, z_1 \rangle$$

$$\overrightarrow{P_1P} = r - r_1$$

$$\overrightarrow{P_1P} \perp n$$

$$(r - r_1) \cdot n = 0$$

$n =$ 법선 벡터

성분으로 표현

$$\langle x-x_1,\ y-y_1,\ z-z_1\rangle \cdot \langle a,\ b,\ c\rangle = 0$$

$$a(x-x_1)+b(y-y_1)+c(z-z_1)=0$$

$$ax+by+cz = ax_1+by_1+cz_1$$

세 점을 지나는 평면

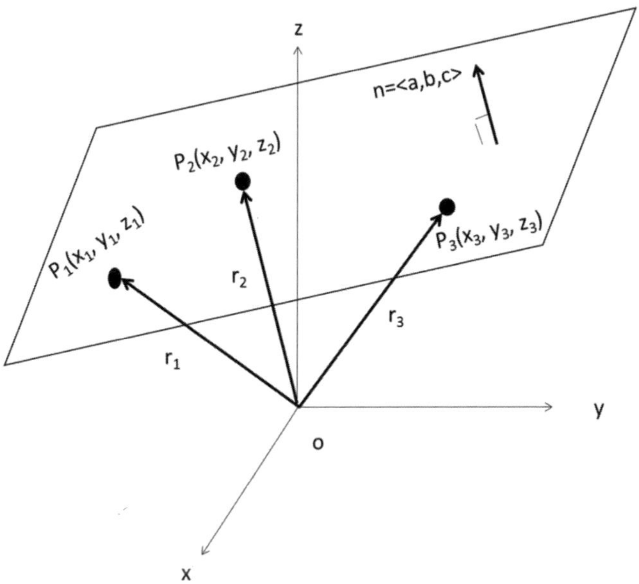

$P_1\langle x_1,\ y_1,\ z_1\rangle,\ P_2\langle x_2,\ y_2,\ z_2\rangle,\ P_3\langle x_3,\ y_3,\ z_3\rangle$

$n=$법선 벡터

n은 $\overrightarrow{P_1P_2}$와 $\overrightarrow{P_2P_3}$에 동시에 수직임.

$$\therefore \ n = \overrightarrow{P_1P_2} \times \overrightarrow{P_2P_3}$$

$$= \begin{vmatrix} i & j & k \\ x_2 - x_1 & y_2 - y_1 & z_2 - z_1 \\ x_3 - x_2 & y_3 - y_2 & z_3 - z_2 \end{vmatrix}$$

$\therefore \ P_1\langle x_1, y_1, z_1\rangle$을 지나고 n에 수직인 평면의 방정식은

$\langle x - x_1, y - y_1, z - z_1\rangle \cdot n = 0$

8.2. 벡터 공간

(1) 벡터공간과 부분공간

자연계의 물리적인 현상은 대부분 3차원 공간에서 발생한다. 그러나, 3차원 공간에서 움직이는 입자의 운동을 살펴보면 입자의 위치 (x, y, z)에 시간의 축을 고려하여 네 개의 좌표 (x, y, z, t)가 필요하다.

따라서, n차원 공간에 대해 이해한다.

• 정의

모든 실수범위

모든 실수범위의 원소는 벡터 $\langle x_1, x_2, x_3, \ldots x_n\rangle$ 들의 집합이다. 단, $x_1, x_2, x_3, \ldots x_n$은 실수, n은 자연수이다.

• 벡터 공간

V를 벡터의 덧셈과 스칼라 곱이 정의되어진 집합이라고 하자. 임의의 $u, v, w \in V$와 $\alpha, \beta \in F$에 대해 V가 다음을 만족할 때, 집합 V를 F상의 벡터공간이라 한다.

(1) $u+v \in V$

(2) $u+v=v+u$

(3) $u+(v+w)=(u+v)+w$

(4) $u+O=O+u=u$인 O이 V에 있다.

(5) $v+(-v)=(-v)+v=O$이 되는 $-v$가 V에 있다.

(6) $\alpha v \in V$

(7) $\alpha(u+v)=\alpha u+\alpha v$

(8) $(\alpha+\beta)u=\alpha u+\beta u$

(9) $(\alpha\beta)u=\alpha(\beta u)$

(10) $lu=u$

• 부분공간

벡터공간 V의 부분집합 W가 V에서 정의된 덧셈과 스칼라 곱에 대해 벡터공간이 될 때, W를 V의 부분공간이라고 한다.

• 부분공간의 조건

W가 벡터공간 V의 공집합이 아닌 부분집합이라 하자. W가 V의 부분공간이기 위한 필요충분조건은 다음과 같다.

(1) $v, w \in V$일 때, $v+w \in W$

(2) $v \in W$일 때, 스칼라 α에 대해 $\alpha v \in W$이다.

(2) 일차독립과 일차종속

벡터 v_1, v_2, v_3, …, v_n과 스칼라 c_1, c_2, c_3 …, c_n에 대해

$$c_1v_1+c_2v_2+c_3v_3+\ldots+c_nv_n$$

을 v_1, v_2, v_3, ..., v_n의 일차결합이라 한다.

- 정의

  − 일차독립과 일차종속

  벡터 v_1, v_2, v_3, ..., v_n에 대해

$$c_1v_1 + c_2v_2 + c_3v_3 + \ldots + c_nv_n = 0$$

이 $c_1 = c_2 = c_3 = \ldots = c_n = 0$일 때만 성립할 때, 벡터 v_1, v_2, v_3, ..., v_n을 일차독립이라 하고, 일차독립이 아닐 때를 일차종속이라 한다.

O이 아닌 하나의 벡터 v는 언제나 일차독립이다.

제2부

벡터의 심화과정

9. 벡터 해석(기초과정)

벡터 정리

벡터

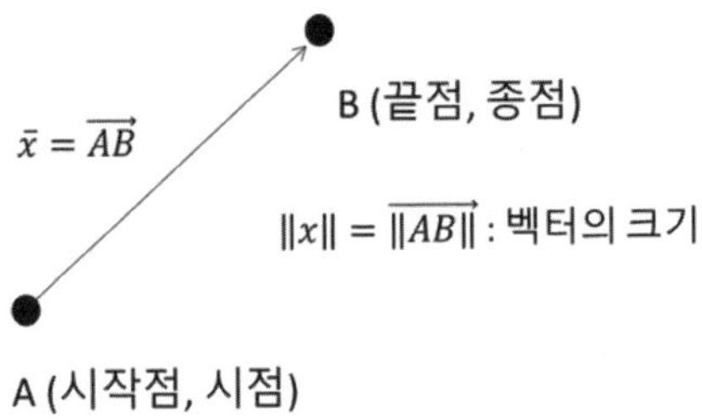

벡터 연산

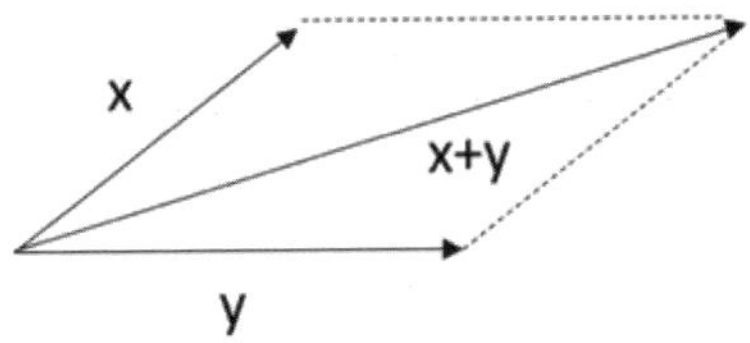

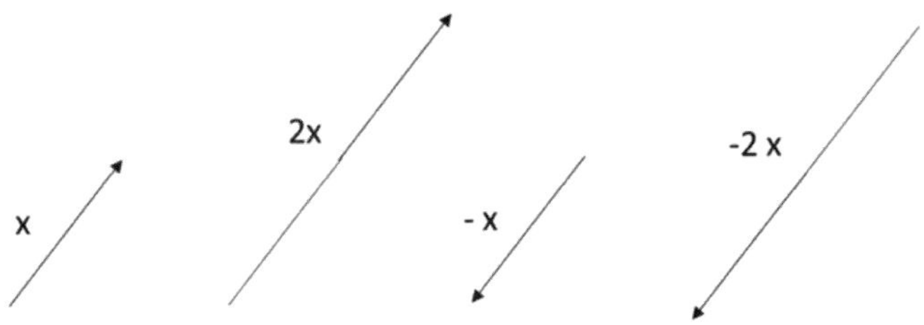

벡터 성분

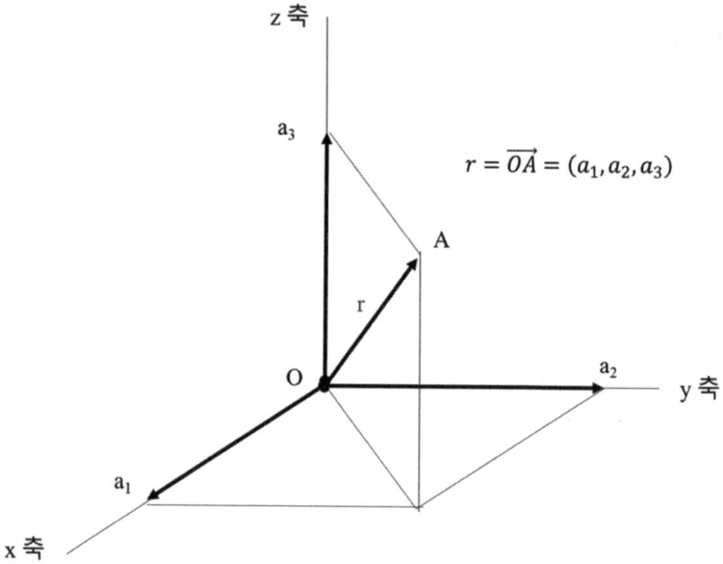

공간벡터 성분

$$x = (x_1,\ x_2,\ x_3) \Rightarrow\ x = \begin{vmatrix} x_1 \\ x_2 \\ x_3 \end{vmatrix}$$

벡터의 덧셈과 스칼라배 (성분표시)

$$x = \begin{vmatrix} x_1 \\ x_2 \\ x_3 \end{vmatrix}, y = \begin{vmatrix} y_1 \\ y_2 \\ y_3 \end{vmatrix}$$

$$x + y = \begin{vmatrix} x_1 + y_1 \\ x_2 + y_2 \\ x_3 + y_3 \end{vmatrix}$$

$$kx = \begin{vmatrix} kx_1 \\ kx_2 \\ kx_3 \end{vmatrix}$$

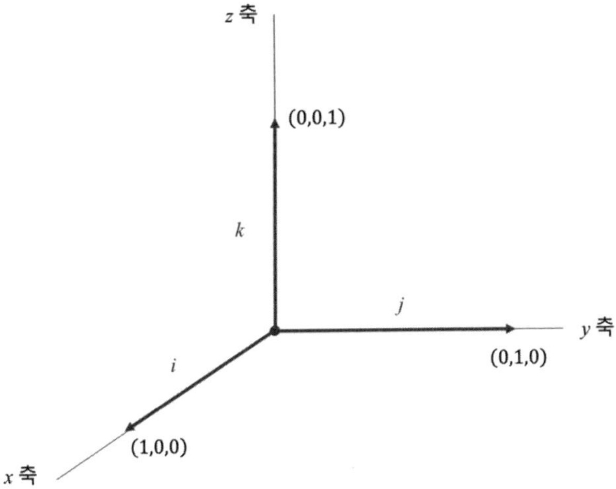

$$x = x_1 i + x_2 j + x_3 k$$

$$i = (1,0,0)$$

$$j = (0,1,0)$$

$$k = (0,0,1)$$

벡터의 내적

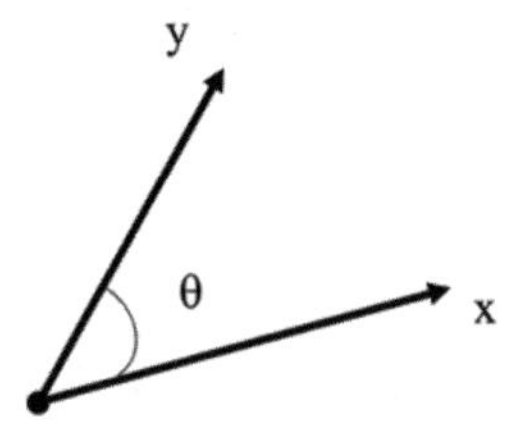

$x \cdot y = |x||y|\cos\theta$

직선 벡터 방정식

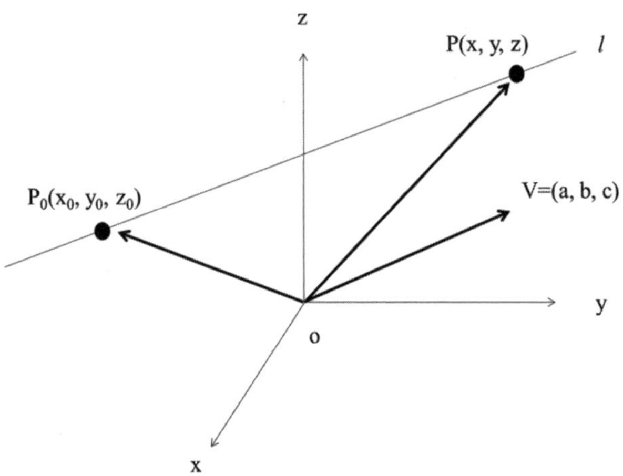

R^3(3차원 실수)에서 한 점 $P_0(x_0, y_0, z_0)$를 지나고 0이 아닌 벡터 $v = ai + bj + ck$에 평행한 직선은 벡터와 $\overrightarrow{P_0P}$가 평행하다.

따라서, 다음을 만족하는 점 $P(x, y, z)$전체의 집합과 같다.

$$\overrightarrow{P_0P} = tv \ (t \in R)$$

벡터 방정식: $P = P_0 + tv$

매개변수 방정식: $-\infty < t < +\infty$

$$x = x_0 + ta$$

$$y = y_0 + tb$$

$$z = z_0 + tc$$

대칭 방정식: $\dfrac{x - x_0}{a} = \dfrac{y - y_0}{b} = \dfrac{z - z_0}{c} \quad (a,b,c \neq 0)$

점에서 평면까지의 거리

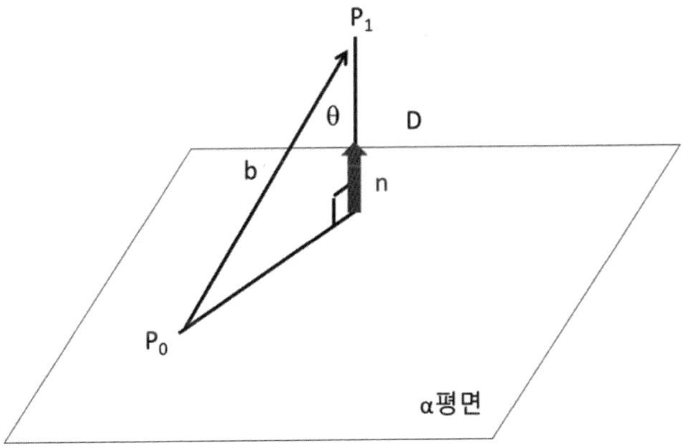

$P_1(x_1, y_1, z_1)$

$ax + by + cz + d$

$$D = \frac{|ax_1 + by_1 + cz_1 + d|}{\sqrt{a^2 + b^2 + c^2}}$$

정사영(Projection)

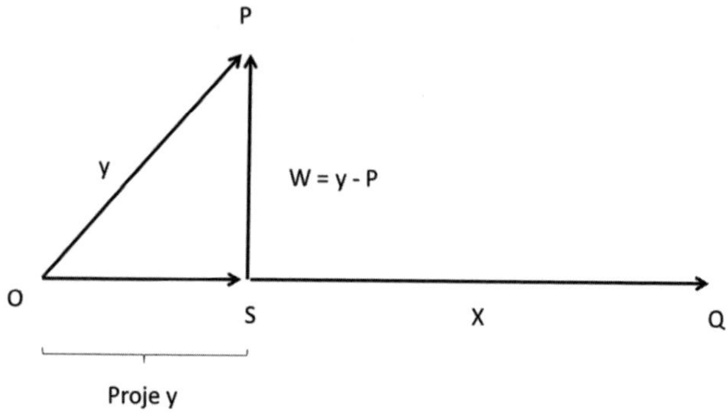

$$R^3$$

$$x = \overrightarrow{OQ},\ y = \overrightarrow{OP}$$

$$x \neq 0$$

$$P = \overrightarrow{OS}$$

$$W = \overrightarrow{SP}$$

$$y = p + W$$

$$\mathrm{Proj}_x y = tx = \frac{(y \cdot x)}{(x \cdot x)} x$$

외적

$$a = (a_1,\ a_2,\ a_3)$$

$$b = (b_1,\ b_2,\ b_3),\ R^3$$

$$a \times b = \begin{vmatrix} i & j & k \\ a_1 & a_2 & a_3 \\ b_1 & b_2 & b_3 \end{vmatrix} = \begin{vmatrix} a_2 & a_3 \\ b_2 & b_3 \end{vmatrix} i - \begin{vmatrix} a_1 & a_3 \\ b_1 & b_3 \end{vmatrix} j + \begin{vmatrix} a_1 & a_2 \\ b_1 & b_2 \end{vmatrix} k$$

외적 성질

(1) $a \times b = -b \times a$

(2) $a \cdot (a \times b) = 0,\ b \cdot (a \times b) = 0$

(3) $|a \times b|^2 = |a|^2 |b|^2 - (a \cdot b)^2$

플레밍의 오른손 법칙

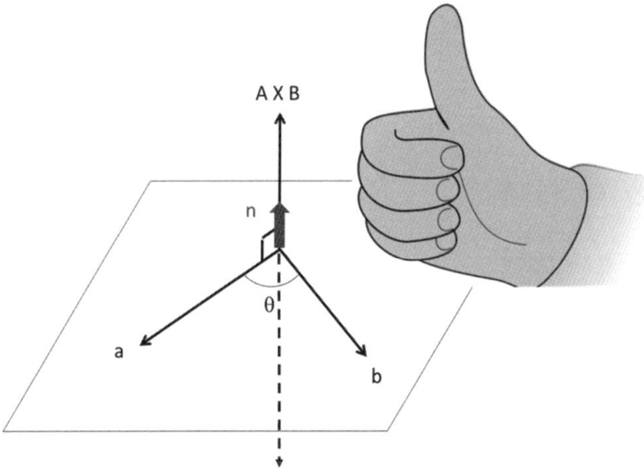

외적의 크기

$$|a \times b| = |a||b|\sin\theta \qquad (0 \leq \theta \leq \pi)$$

외적의 성질

(1) $(\alpha a) \times b = \alpha (a \times b)$

(2) $a \times (b + c) = a \times b + a \times c$

(3) $(a + b) \times c = a \times c + b \times c$

(4) $a \cdot (b \times c) = (a \times b) \cdot c$

$$(5)\ a\times(b\times c)=(a\cdot c)\cdot b-(a\cdot b)\cdot c$$

삼중 외적

R^3,

$$a=(a_1,\ a_2,\ a_3),\ b=(b_1,\ b_2,\ b_3),\ c=(c_1,\ c_2,\ c_3)$$

$$a\cdot(b\times c)=\begin{vmatrix} a_1 & a_2 & a_3 \\ b_1 & b_2 & b_3 \\ c_1 & c_2 & c_3 \end{vmatrix}$$

$$a\cdot(b\times c)=(a\times b)\cdot c$$

점과 직선 사이의 거리

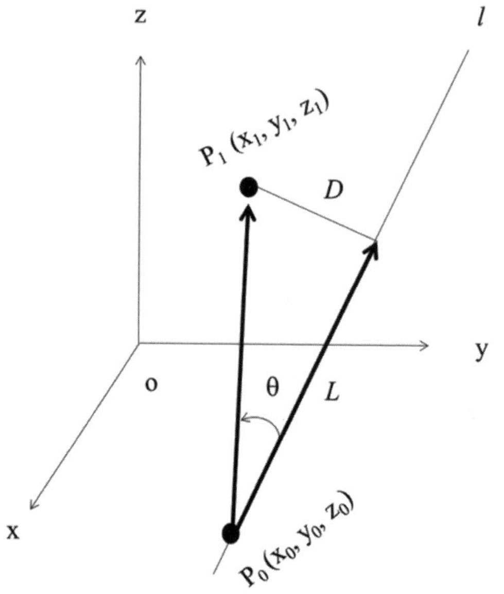

$$D=\frac{|\vec{L}\times\overrightarrow{P_0P_1}|}{|\vec{L}|}$$

10. 벡터 해석(고급과정)

10.1. 벡터함수와 곡률

벡터장

$$v = v(p) = [v_1(p),\ v_2(p),\ v_3(p)]$$

p = 계 영역내의 한점(계 영역: 3차원공간, 곡면, 곡선 등)

v = 벡터함수

스칼라함수: $f = f(p)$

표기법: 직교좌표 $x,\ y,\ z$ 사용

$$v = v(x,\ y,\ z) = [v_1(x,\ y,\ z),\ v_2(x,\ y,\ z),\ v_3(x,\ y,\ z)]$$

스칼라장 $f = f(p) = f(x,\ y,\ z)$

예제 1

스칼라 함수(공간에서의 거리)

$$P_0(x_0,\ y_0,\ z_0),\ P(x,\ y,\ z)$$

$$f(p) = f(x,\ y,\ z) = \sqrt{(x-x_0)^2 + (y-y_0)^2 + (z-z_0)^2}$$

예제 2

벡터장 (속도장)

$$v(x,\ y,\ z) = w \times r = w \times [x,\ y,\ z] = w \times (\xi + yj + zk)$$

$$v = \begin{vmatrix} i & j & k \\ 0 & 0 & w \\ x & y & z \end{vmatrix} = w(-yi + xj)$$

- **벡터함수와 스칼라 함수**

위치벡터를 단위벡터로 나타내면

$$r = [x,\ y,\ z] = xi + yj + zk$$

각 성분을 임의의 변수를 가진 함수라고 가정하면,

$$\begin{aligned} r = r(P) &= [r_1(P),\ r_2(P),\ r_3(P)] \\ &= r_1(P)i + r_2(P)j + r_3(P)k \end{aligned}$$

벡터함수: $r(P)$와 같은 형태

벡터장: 벡터함수가 정의되어 있는 공간

- $r_1(P),\ r_2(P),\ r_3(P)$

점 P에서 함수값이 스칼라로 주어지는 함수 $f = f(P) = f(x, y, z)$

스칼라 장: 스칼라장이 정의되어 있는 공간

$$\begin{aligned} r(P) = r(x,\ y,\ z) &= [r_1(x,\ y,\ z),\ r_2(x,\ y,\ z),\ r_3(x,\ y,\ z)] \\ &= r_1(x,\ y,\ z)i + r_2(x,\ y,\ z)j + r_3(x,\ y,\ z)k \end{aligned}$$

• 벡터함수의 미분

다음과 같은 벡터함수가 존재할 때,

$$r(t) = [r_1(t),\ r_2(t),\ r_3(t)] = r_1(t)\,i + r_2(t)\,j + r_3(t)\,k$$

$r(t)$ 함수의 도함수

$$r'(t) = [r_1'(t),\ r_2'(t),\ r_3'(t)]$$

벡터함수의 미분에 관한 법칙

(1) $(u+v)' = u' + v'$

(2) $(u \cdot v)' = u' \cdot v + u \cdot v'$

(3) $(u \times v)' = u' \times v + u \times v'$

(4) $(u\,v\,w)' = (u'\,v\,w) + (u\,v'\,w) + (u\,v\,w')$

• 벡터함수와 곡선

− 곡선의 방정식: $r(t)$는 3차원 공간에서 곡선 c를 나타냄

$$r(t) = [x(t),\ y(t),\ z(t)] = x(t)\,i + y(t)\,j + z(t)\,k$$

− 곡선의 방향

양의 방향: t가 증가할 때, 곡선이 향하는 방향

음의 방향: t가 감소할 때, 곡선이 향하는 방향

− 직선의 표현: 점 A를 지나고, 상수벡터 b의 방향으로 진행하는 직선

$$r(t) = a + tb = [a_1 + tb_1,\ a_2 + tb_2,\ a_3 + tb_3]$$

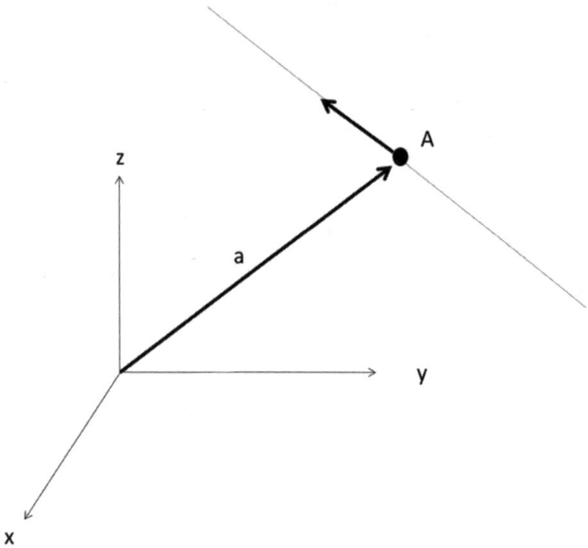

－타원 및 원의 표현법: 원점을 중심으로 하고, xy 평면상에 존재하는 타원

$$r(t) = a\cos t\, i + b\sin t\, j = [a\cos t,\ b\sin t,\ 0]$$

$$x(t) = a\cos t$$

$$y(t) = b\sin t$$

따라서,

$$\cos t = \frac{x}{a},\ \sin t = \frac{y}{b}$$

각각 양변을 제곱하여 더하면,

$$\frac{x^2}{a^2}+\frac{y^2}{b^2}=(\cos t)^2+(\sin t)^2$$

$(\cos t)^2+(\sin t)^2=1,\ z=0$이므로

$$\frac{x^2}{a^2}+\frac{y^2}{b^2}=1,\ z=0$$

만일 a=b 이면,

$x^2+y^2=a^2, z=0$ ← 반지름이 a인 원의 방정식

-원 나선의 표현법: 원기둥을 감으며 이동하는 곡선

$$r(t)=a\cos t\,i+b\sin t\,j+ct\,k=[a\cos t,\ b\sin t, ct]$$

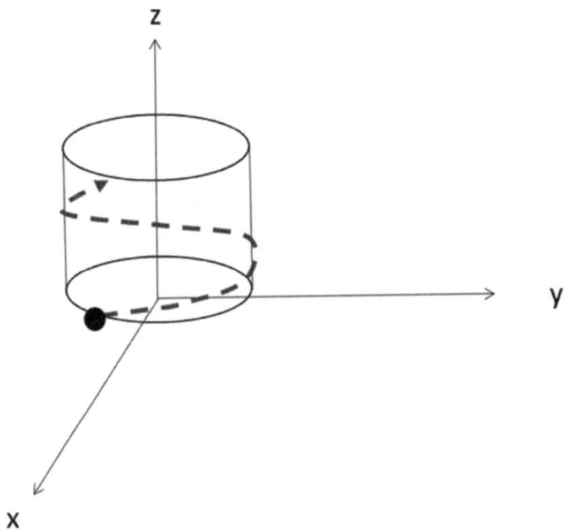

−곡선의 접선

곡선 위에 점 A 에서 곡선의 양의 방향으로 이동할 때의 미소변위 dr

$$dr = r(t+dt) - r(t)$$

곡선의 접선벡터

$$r'(t) = \frac{dr(t)}{dt} = \frac{d}{dt}[r(t+dt) - r(t)]$$

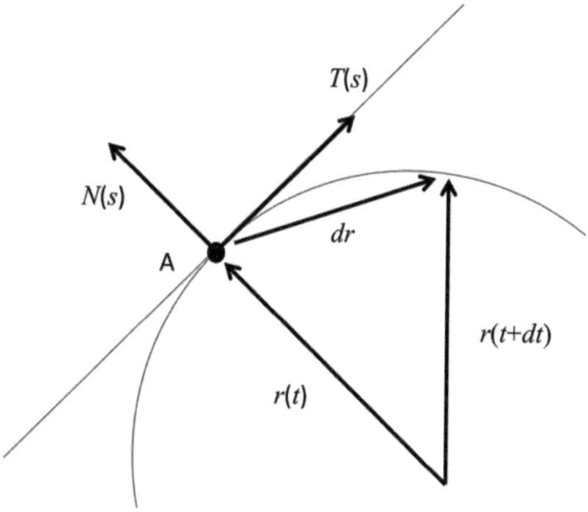

$N(s)$: 단위 법선벡터

$T(s)$: 단위 접선벡터

단위 접선벡터: $r'(t)$ 방향의 단위벡터

$$u = \frac{dr}{|dr|} = \frac{r'}{|r'|}$$

곡선의 길이

구간 $t_0 \le t \le t_n$ 인 곡선 $r(t)$의 길이

$$l = \int_{t_0}^{t_n} \sqrt{r'(t) \cdot r'(t)}\, dt$$

상수 t_n을 변수인 t로 바꾸면,

$$s(t) = \int_{t_0}^{t} \sqrt{r'(t) \cdot r'(t)}\, dt$$

$s(t)$식을 미분하여 제곱하면,

$$\left(\frac{ds}{dt}\right)^2 = \frac{dr}{dt} \cdot \frac{dr}{dt} = |r'(t)|^2 = \left(\frac{dx}{dt}\right)^2 + \left(\frac{dy}{dt}\right)^2 + \left(\frac{dz}{dt}\right)^2$$

곡선의 벡터함수가 다음과 같으므로,

$$r(t) = [x(t),\, y(t),\, z(t)] = x(t)\,i + y(t)\,j + z(t)\,k$$

dr은 다음과 같이 쓸 수 있다.

$$dr(t) = [dx(t),\, dy(t),\, dz(t)] = dx(t)\,i + dy(t)\,j + dz(t)\,k$$

따라서,

$$ds^2 = dr \leftarrow dr = dx^2 + dy^2 + dz^2$$

ds: 곡선의 선소

10.2. 벡터장과 기울기장

(1) 변수 2개 이상의 벡터함수

- 벡터장: 3차원 공간에서 성분 3개 변수를 가지는 함수로 된 벡터
- 평면의 벡터장: 2차원 공간에서 성분이 2개의 변수를 가지는 함수 벡터
- 흐름선(Streamline) = 유선 flow line = 자기장의 역선 Line of Force
  - 각 점 (x, y, z)에서 벡터 $F = (x, y, z)$는 그 점을 지나는 곡선의 접선이 되는 성질을 가지며, 이 곡선을 벡터장 F의 흐름선이라고 함

- 기울기: 스칼라장 $\varphi(x, y, z)$의 기울기는 이들 편도함수가 정의될 때,

$$\nabla \varphi = \frac{\partial \varphi}{\partial x} i + \frac{\partial \varphi}{\partial y} j + \frac{\partial \varphi}{\partial z} k$$

∇: 델 (연산자)

φ: 파이

상수 c, 스칼라장 φ, ψ에 대하여

(1) $\nabla(\varphi + \psi) = \nabla(\varphi) + \nabla(\psi)$

(2) $\nabla(c\varphi) = c\nabla(\varphi)$

- 방향 도함수(Directional Derivative) – 함수 $f(x, y, z)$가 D에서 정의되는 함수이고, (a, b, c)가 D내의 한 점 $u = (u_1, u_2, u_3)$가 R^3의 단위벡터라 하자. 그러면, 점 (a, b, c)에서 u 방향으로 f의 방향 도함수는

$$D_u(a, b, c) = \lim_{h \to 0} \frac{f(a+hu_1, b+hu_2, c+hu_3) - f(a, b, c)}{h}$$

만일 f가 (a, b, c)에서 연속인 편도함수를 갖는다면,

$$D_u(a, b, c) = f_x(a, b, c)u_1 + f_y(a, b, c)u_2 + f_z(a, b, c)u_3$$
$$= \nabla f \cdot u$$

- 만약 φ가 2개 변수 또는 3개 변수의 미분가능 함수이고, u가 단위벡터이면,

$$D_u\varphi(P_o) = \nabla\varphi(P_o) \cdot u$$
$$u = ai + bj + ck$$

- 등위면(Level Surface): 함수 φ와 상수 k에 따라 $\varphi(x, y, z) = k$를 만족시키는 점의 좌표는 3차원 공간에서 면을 이룬다. 이 면을 등위면이라고 한다.

$\varphi(x, y, z) = x^2 + y^2 + z^2, k > 0$

$\varphi(x, y, z) = k$는 반지름 $\sqrt{k}$를 갖는 원형의 구

$k = 0, \varphi(x, y, z)$는 원점을 표시하는 하나의 점

$k < 0, \varphi(x, y, z)$만족하는 점은 없다.

접 평면(Tangent Plane)＝평면 II

법선 벡터(Normal Vector)＝법선(Normal)

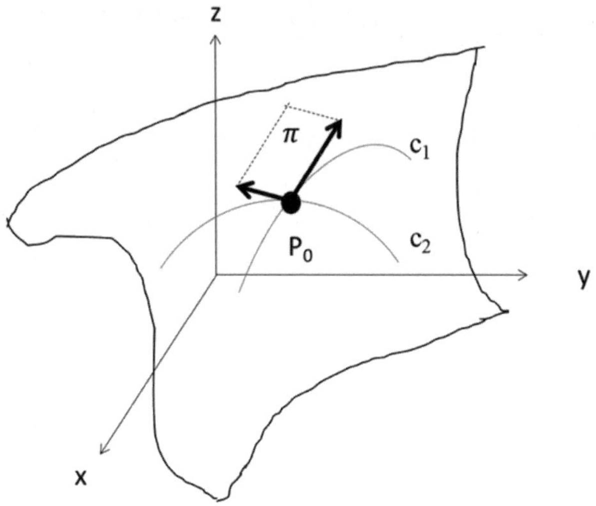

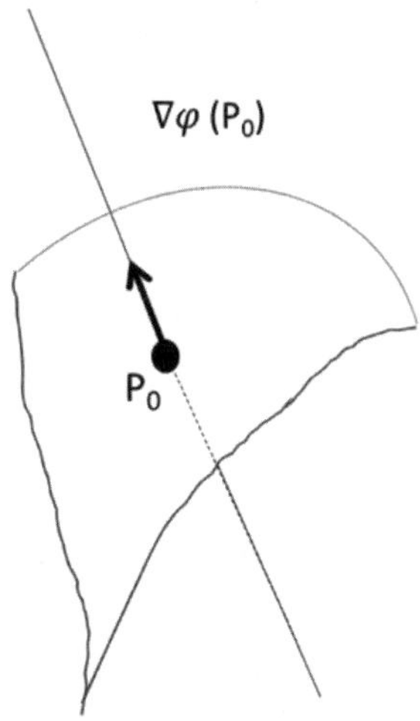

P_0에서 곡면 $\varphi(x, y, z) = k$에 대한 법선(Normal Line)

$(x - x_0)i + (y - y_0)j + (z - z_0)k$는 $\nabla\varphi(P_0)$와 평행함.

따라서, 임의의 스칼라 t에 대해 다른 것의 t배로

$$(x-x_0)i+(y-y_0)j+(z-z_0)k=t\nabla\varphi(P_0)$$

$$(x-x_0)=\frac{\partial\varphi}{\partial x}(P_0)t$$

$$(y-y_0)=\frac{\partial\varphi}{\partial y}(P_0)t$$

$$(z-z_0)=\frac{\partial\varphi}{\partial z}(P_0)t$$

- 벡터장 → 스칼라 장, 한 벡터장에서 다른 벡터장으로 변환하여 연산

- 발산(div)

  벡터장 $F(x, y, z)=f(x, y, z)i+g(x, y, z)j+h(x, y, z)k$일 때,

$$\text{div } F=\frac{\partial f}{\partial x}+\frac{\partial g}{\partial y}+\frac{\partial h}{\partial z}=\nabla\cdot F$$

  → 스칼라 장

- 회전(Curl)

  벡터장 $F(x, y, z)=f(x, y, z)i+g(x, y, z)j+h(x, y, z)k$의 회전은

$$\text{curl } F=\begin{vmatrix} i & j & k \\ \frac{1}{\partial x} & \frac{1}{\partial y} & \frac{1}{\partial z} \\ f & g & h \end{vmatrix}$$

$$=\left(\frac{\partial h}{\partial y}-\frac{\partial g}{\partial z}\right)i+\left(\frac{\partial f}{\partial z}-\frac{\partial h}{\partial x}\right)j+\left(\frac{\partial g}{\partial x}-\frac{\partial f}{\partial y}\right)k$$

$$=\nabla\times F$$

• φ의 기울기=벡터 ∇와 스칼라함수 φ의 곱

$$\nabla\varphi=\left(\frac{\partial}{\partial x}i+\frac{\partial}{\partial y}j+\frac{\partial}{\partial z}k\right)\varphi=\frac{\partial\varphi}{\partial x}i+\frac{\partial\varphi}{\partial y}j+\frac{\partial\varphi}{\partial z}k$$

• 기울기의 회전

스칼라함수 φ의 1계 편도함수, 2계 편도 함수가 연속이면,

$$\nabla\times(\nabla\varphi)=0$$

or

$$curl(\nabla\varphi)=0$$

$$\frac{\partial^2\varphi}{\partial x\,\partial y}=\frac{\partial^2\varphi}{\partial y\,\partial x},\ \frac{\partial^2\varphi}{\partial y\,\partial z}=\frac{\partial^2\varphi}{\partial z\,\partial y},\ \frac{\partial^2\varphi}{\partial x\,\partial z}=\frac{\partial^2\varphi}{\partial z\,\partial x}$$

$$\nabla\times(\nabla\varphi)=\nabla\times\left(\frac{\partial\varphi}{\partial x}i+\frac{\partial\varphi}{\partial y}j+\frac{\partial\varphi}{\partial z}k\right)$$

$$=\begin{vmatrix} i & j & k \\ \frac{\partial}{\partial x} & \frac{\partial}{\partial y} & \frac{\partial}{\partial z} \\ \frac{\partial\varphi}{\partial x} & \frac{\partial\varphi}{\partial y} & \frac{\partial\varphi}{\partial z}\end{vmatrix}$$

$$=\left(\frac{\partial^2\varphi}{\partial y\,\partial z}-\frac{\partial^2\varphi}{\partial z\,\partial y}\right)i+\left(\frac{\partial^2\varphi}{\partial z\,\partial x}-\frac{\partial^2\varphi}{\partial x\,\partial z}\right)j$$

$$+\left(\frac{\partial^2\varphi}{\partial x\,\partial y}-\frac{\partial^2\varphi}{\partial y\,\partial x}\right)k$$

F가 연속인 1계. 2계 편도함수를 갖는 연속벡터

$$\nabla \times (\nabla \times F) = 0$$

or

div (curl F)= 0

$$\nabla \cdot (\nabla \times F)$$

$$= \begin{vmatrix} i & j & k \\ \frac{\partial}{\partial x} & \frac{\partial}{\partial y} & \frac{\partial}{\partial z} \\ f & g & h \end{vmatrix}$$

$$= \frac{\partial}{\partial x}\left(\frac{\partial h}{\partial y} - \frac{\partial g}{\partial z}\right) + \frac{\partial}{\partial y}\left(\frac{\partial f}{\partial z} - \frac{\partial h}{\partial x}\right) + \frac{\partial}{\partial z}\left(\frac{\partial g}{\partial x} - \frac{f}{\partial y}\right)$$

$$= \left(\frac{\partial^2 h}{\partial x\,\partial y} - \frac{\partial^2 g}{\partial x\,\partial z}\right) + \left(\frac{\partial^2 f}{\partial y\,\partial z} - \frac{\partial^2 h}{\partial y\,\partial x}\right) + \left(\frac{\partial^2 g}{\partial z\,\partial x} - \frac{\partial^2 f}{\partial z\,\partial y}\right)$$

10.3. 선적분

(1) 정의

매끄러운 곡선 C가 $a \le t \le b$, $x = x(t)$, $y = y(t)$, $z = z(t)$에서

좌표함수 $x = x(t)$, $y = y(t)$, $z = z(t)$가 존재한다.

곡선 C를 점 $(x = x(t), y = y(t), z = z(t))$의 궤적

t가 a에서 b로 증가함으로 벡터가 움직이는 방향

이때 $(x(a), y(a), z(a))$를 C의 시작점 (Initial point)라고 하고

$(x(b), y(b), z(b))$를 C의 끝나는 점 (Terminal point)

시작점과 끝나는 점이 같으면, 곡선 C를 닫혀있다라고 한다.

$f(x, y, z)$, $g(x, y, z)$, $h(x, y, z)$가 적어도 C의 그래프에서 연속성을 나타낸다.

곡선 C에서의 선적분(line integral)은

$$\int_C f(x, y, z)dx + g(x, y, z)dy + h(x, y, z)dz$$

$$= \int_a^b \left[f(x(t), y(t), z(t))\frac{dx}{dt} + g(x(t), y(t), z(t))\frac{dy}{dt} \right.$$

$$\left. + h(x(t), y(t), z(t))\frac{dz}{dt} \right]$$

$$\rightarrow \int_C fdx + gdy + hdz$$

$$dx = \frac{dx}{dt}dt,\ dy = \frac{dy}{dt}dt,\ dz = \frac{dz}{dt}dt$$

• C가 xy 평면 $(z=0)$에서 매끄러운 곡선, $f(x, y)$, $g(x, y)$가 C에서 연속,

선적분은

$$\int_C f(x, y)dx + g(x, y)dy$$

$$= \int_a^b \left[f(x(t), y(t))\frac{dx}{dt} + g(x(t), y(t))\frac{dy}{dt} \right]$$

$$\rightarrow \int_C fdx + gdy$$

$$dx = \frac{dx}{dt}dt,\ dy = \frac{dy}{dt}dt$$

• 부분적분법

$$\int uv' = uv - \int u'v$$

• 호의 길이에 관련한 선적분

곡선 C가 $a \le t \le b$에 대하여 매개변수방정식 $x = x(t)$, $y = y(t)$, $z = z(t)$로 주어지는 매끄러운 곡선이고, φ가 곡선 C에서 연속인 실변함수라고 한다면,

이 곡선에서 함수 φ의 길이는

$$\int_C \varphi(x, y, z)ds$$

$$= \int_a^b \varphi(x(t), y(t), z(t))\sqrt{(x'(t)^2 + y'(t)^2 + z'(t)^2)}$$

10.4. Green의 정리

$$\oint_C [f(x, y)dx + g(x, y)dy] = \iint_D \left(\frac{\partial g}{\partial x} - \frac{\partial f}{\partial y}\right)dA$$

$$\iint_R \left(\frac{\partial F_2}{\partial x} - \frac{\partial F_1}{\partial y}\right)dxdy = \oint_C [F_1dx + F_2dy]$$

평면상 C는 양의 방향을 갖는 단순닫힌 경로

D는 곡선 C와 내부의 모든 점

실변수 함수 f, g, $\frac{\partial g}{\partial x}$, $\frac{\partial f}{\partial y}$가 D에서 연속

10.5. 퍼텐셜 이론 / 경로의 독립성

벡터장 $F(x, y)= f(x, y)i + g(x, y)j$

곡선의 위치벡터 $R(t)= x(t)i + y(t)j$

$$\int_C F \cdot dR= \int_C f(x, y)dx + g(x, y)dy$$

$D=$ 평면 단순 연결 영역

$C= D$영역 안의 단순 닫힌 곡선

$$\therefore \int_C f(x, y)dx + g(x, y)dy= 0$$

따라서, D 안의 임의의 고정된 점 (x_0, y_0)

$$\varphi(x, y)= \int_{(x_0, y_0)}^{(x, y)} f(r, t)dr + g(r, t)dt$$

적분 경로가 D 안에서 구분적으로 매끄러운 곡선이면, 위 식의 적분은 독립적임.

$$\therefore f(x, y)= \frac{\partial \Phi}{\partial x},\ g(x, y)= \frac{\partial \Phi}{\partial y}$$

$F(x, y)= f(x, y)i + g(x, y)j \rightarrow D$ 안에서 보존적인 벡터장

$\varphi(x, y) \rightarrow F$의 퍼텐셜 함수 (Potential function)

- 단순 닫힌 곡선 C가 매끄럽고, $a \le t \le b$에 대하여 $x = x(t)$, $y = y(t)$가 존재한다면,

$$F(x,y) = \frac{\partial \varphi}{\partial x} i + \frac{\partial \varphi}{\partial y} j$$

$$\int_C F \cdot dR = \int_C \frac{\partial \varphi}{\partial x} dx + \frac{\partial \varphi}{\partial y} dy$$

$$= \int_a^b \left(\frac{\partial \varphi}{\partial x} \frac{dx}{dt} + \frac{\partial \varphi}{\partial y} \frac{dy}{dt} \right) dt$$

$$= \varphi(x(b), y(b)) - \varphi(x(a), y(a))$$

곡선 C의 시작점과 끝나는 점을 각각 $P_0 = (x(a),\ y(a))$, $P_1 = (x(b),\ y(b))$라고 한다면,

$$\int_C F \cdot dR = \varphi(P_1) - \varphi(P_0)$$

$$= \varphi(C\text{의 끝나는 점}) - \varphi(C\text{의 시작점})$$

∴ 벡터장에 대한 선적분은 끝나는 점에서의 퍼텐셜 함수값과 시작점에서 퍼텐셜 함수값과의 차이이다.
보존장에 대해 선적분의 값은 경로와 무관함. 양 끝점들에 의해서만 결정된다.

10.6. 접평면과 면적분

예제 1

$x = au\cos(v),\ y = bu\sin(v),\ z = u$

$u_0 = \frac{1}{2}$과 $v_0 = \frac{\pi}{6}$에 의한 점 $P_0\left(\frac{a\sqrt{3}}{4}, \frac{b}{4}, \frac{1}{2}\right)$에서의 법선벡터를 구하라

Jacobian

$$\left|\frac{\partial(y,z)}{\partial(u,v)}\right|_{\left(\frac{1}{2},\frac{\pi}{6}\right)}=\left[\frac{\partial y}{\partial u}\frac{\partial z}{\partial v}-\frac{\partial z}{\partial u}\frac{\partial y}{\partial v}\right]_{\left(\frac{1}{2},\frac{\pi}{6}\right)}$$

$$=[b\sin(v)(0)-bu\cos(v)]_{\left(\frac{1}{2},\frac{\pi}{6}\right)}$$

$$=\frac{-\sqrt{3}}{4}b$$

Jacobian

$$\left|\frac{\partial(z,x)}{\partial(u,v)}\right|_{\left(\frac{1}{2},\frac{\pi}{6}\right)}=\left[\frac{\partial z}{\partial u}\frac{\partial x}{\partial v}-\frac{\partial x}{\partial u}\frac{\partial z}{\partial v}\right]_{\left(\frac{1}{2},\frac{\pi}{6}\right)}$$

$$=[-au\sin(v)-a\cos(v)(0)]_{\left(\frac{1}{2},\frac{\pi}{6}\right)}$$

$$=\frac{-a}{4}$$

Jacobian

$$\left|\frac{\partial(x,y)}{\partial(u,v)}\right|_{\left(\frac{1}{2},\frac{\pi}{6}\right)}=\left[\frac{\partial x}{\partial u}\frac{\partial y}{\partial v}-\frac{\partial y}{\partial u}\frac{\partial x}{\partial v}\right]_{\left(\frac{1}{2},\frac{\pi}{6}\right)}$$

$$=[a\cos(v)bu\cos(v)-b\sin(v)(-au\sin(v))]_{\left(\frac{1}{2},\frac{\pi}{6}\right)}$$

$$=\frac{ab}{2}$$

∴ P_0에서의 법선벡터 $N(x_0,\ y_0)$

$$N(P_0)=-\frac{\sqrt{3}}{4}bi-\frac{a}{4}j+\frac{ab}{2}k=N(x_0,\ y_0)$$

예제 2

$$F(x,\ y,\ z) = \left(yze^{xyz} - 4x\right)i + \left(xze^{xyz} + z + \cos(y)\right)j$$
$$+ \left(xye^{xyz} + y\right)k$$

스칼라 함수 φ

F의 성분 함수

$$\frac{\partial\varphi}{\partial x} = yze^{xyz} - 4x$$

$$\frac{\partial\varphi}{\partial y} = xze^{xyz} + z + \cos(y)$$

$$\frac{\partial\varphi}{\partial z} = xye^{xyz} + y$$

$$\frac{\partial\varphi}{\partial x} = yze^{xyz} - 4x$$

$$\varphi(x,\ y,\ z) = e^{xyz} + yz + k(x,\ y)$$

$$\frac{\partial\varphi}{\partial x} = yze^{xyz} + k'(x,y) = yze^{xyz} - 4x$$

$$k'(x,\ y) = -4x$$

$$\therefore\ k(x,\ y) = -2x^2 + c(y)$$

$$\therefore\ \varphi(x,\ y,\ z) = e^{xyz} + yz + \left(-2x^2\right) + c(y)$$

$$\frac{\partial\varphi}{\partial y} = xze^{xyz} + z + c'(y) = xze^{xyz} + z + \cos(y)$$

$$\therefore\ c'(y) = \cos(y)$$

$$c(y) = \sin(y)$$

$\therefore\ \varphi(x,y,z) = e^{xyz} + yz - 2x^2 + \sin(y)$ → 퍼텐셜함수

예제 3

F의 회전 계산

$$\nabla \times F = \begin{vmatrix} i & j & k \\ \frac{\partial}{\partial x} & \frac{\partial}{\partial y} & \frac{\partial}{\partial z} \\ -y & x & -xyz \end{vmatrix} = -xzi + yzj + 2k$$

$$(\nabla \times F) \cdot n = \frac{1}{z\sqrt{2}}\left(x^2 z - y^2 z + 2z\right) = \frac{1}{\sqrt{2}}\left(x^2 - y^2 + 2\right)$$

$$\iint_{\Sigma} (\nabla \times F) \cdot n \, dr = \iint_{D} [(\nabla \times F) \cdot n] \, |N| \, dxdy$$

$$= \iint_{D} \frac{1}{\sqrt{2}}\left(x^2 - y^2 + 2\right)\sqrt{2} \, dxdy$$

$$= \iint_{D} \left(x^2 - y^2 + 2\right) dxdy$$

$$\int_0^{2\pi}\int_0^3 \left(r^2\cos^2(\theta) - r^2\sin^2(\theta) + 2\right) r \, dr \, d\theta$$

$$= \int_0^{2\pi}\int_0^3 \left(r^3\cos(2\theta)\right) r \, dr \, d\theta + \int_0^{2\pi}\int_0^3 (2r) \, dr \, d\theta$$

$$= \left[\frac{1}{2}\sin(2\theta)\right]_0^{2\pi}\left[\frac{1}{4}r^4\right]_0^3 + 2\pi\left[r^2\right]_0^3$$

$$= 18\pi$$

$$\therefore \oint_c F \cdot dr = \iint_{\Sigma} (\nabla \times F) \cdot n \, d\sigma$$

10.7. Stokes 정리

$$\oint_c F \cdot dr = \iint_\Sigma (\nabla \times F) \cdot n\, d\sigma$$

예제 4

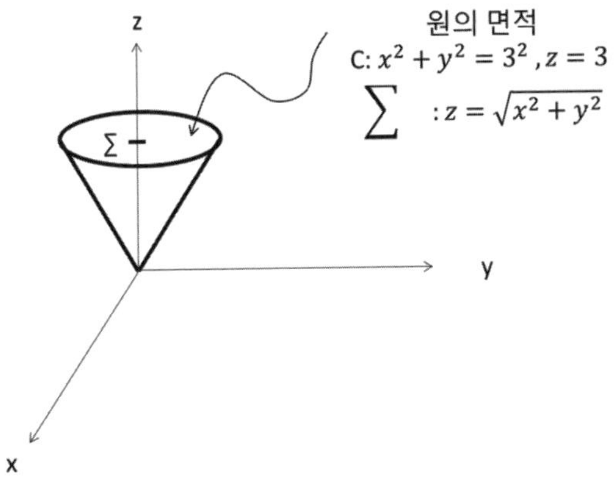

$$\Sigma : x^2 + y^2 \le 3^2$$

$$z : \sqrt{x^2 + y^2}$$

$$F(x,\, y,\, z) = -yi + xj - xyzk$$

$Stokes$ 정리로 양변을 계산

$$z = S(x,\, y)$$

$$D : x^2 + y^2 \le 9 \;\rightarrow\; \text{원판}$$

법선벡터

$$N = -\frac{\partial z}{\partial x}i - \frac{\partial z}{\partial y}j + k = -\frac{x}{z}i - \frac{y}{z}j + k$$

$$|N| = \sqrt{\left(\frac{x}{z}\right)^2 + \left(\frac{y}{z}\right)^2 + 1} = \sqrt{2}$$

∴ 단위법선벡터

$$n = \frac{N}{|N|} = \frac{\left(-\frac{x}{z}i - \frac{y}{z}j + k\right)}{\sqrt{2}}$$

$$0 \leq t \leq 2\pi,\ x = 3\cos(t),\ y = 3\sin(t),\ z = 3$$

c 위에서의 선적분

$$\oint_c F \cdot dR = \oint_c -ydx + xdy - xyzdz$$

$$= \int_0^{2\pi} [-3\sin(t)(-3\sin(t)) + 3\cos(t)3\cos(t)]\,dt$$

$$= \int_0^{2\pi} 9\,dt$$

$$= 18\pi$$

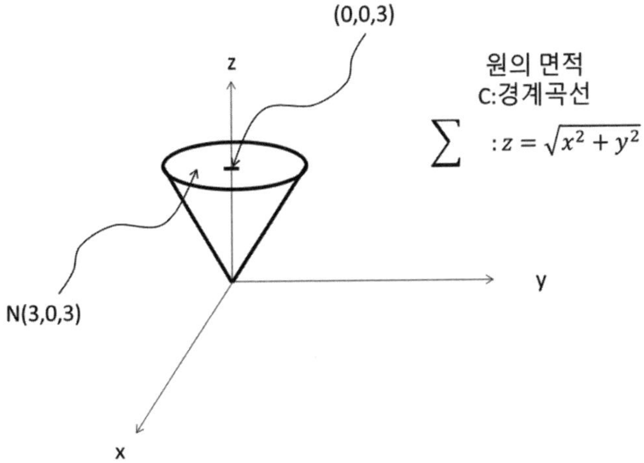

$$F \cdot N_1 = (\xi + yj + zk) \cdot \frac{1}{\sqrt{2}}\left(\frac{x}{z}i + \frac{y}{z}j - k\right)$$

$$= \frac{1}{\sqrt{2}}\left(\frac{x^2}{z} + \frac{y^2}{z} - z\right) = 0$$

$$\because \; z^2 = x^2 + y^2$$

곡면 Σ_1

$$\iint_{\Sigma_1} F \cdot N d\sigma = 0$$

곡면 Σ_2

단위 외향 법선벡터 $N_2 = k$

$$F \cdot N_2 = z$$

Σ_2 에서 $z = 1$

$$\iint_{\Sigma_2} F \cdot N d\sigma = \iint_{\Sigma_2} z\, d\sigma$$

$$= \Sigma_2 \text{의 넓이}$$

$$= \pi$$

$$\iint_{\Sigma} F \cdot N\, d\sigma = \iint_{\Sigma_1} F \cdot N_1\, d\sigma + \iint_{\Sigma_2} F \cdot N_2\, d\sigma$$

$$= \pi$$

삼중 적분

F의 발산

$$\nabla \cdot F = \frac{\partial}{\partial x} x + \frac{\partial}{\partial y} y + \frac{\partial}{\partial z} z$$

$$= 1 + 1 + 1$$

$$= 3$$

$$\iiint_M \nabla \cdot F\, dV = \iiint_M 3\, dV$$

$$= 3\,(\text{높이 1, 반지름 1인 원뿔의 체적})$$

$$= 3\left(\frac{1}{3}\pi\right)$$

$$= \pi$$

10.8. Gauss 발산 정리 / Stokes 적분 정리

• Gauss 발산 정리

$$\iint_{\Sigma} F \cdot N d\sigma = \iiint_{M} \nabla \cdot F dV$$

예제 5

$$\Sigma : x^2 + y^2 \le 1^2$$

$$z : \sqrt{x^2 + y^2}$$

$z = 1$ 인 평면에서

원판 $x^2 + y^2 \le 1^2$에 평평한 모자같은 원 Σ_2로 닫힌 곡면

벡터장 $F(x, y, z) = \xi + yj + zk$

$$\iint_{\Sigma} F \cdot N dr = ?$$

$$\iiint_{M} \nabla \cdot F dV = ?$$

단위 외향 법선 벡터

$$N_1 = \frac{1}{\sqrt{2}}\left(\frac{x}{z}i + \frac{y}{z}j - k\right)$$

$$\because\ x = x,\ y = y,\ z = \sqrt{x^2 + y^2}\ ,\ x^2 + y^2 = 1$$

$$\begin{vmatrix} \frac{\partial y}{\partial x} & \frac{\partial y}{\partial y} \\ \frac{\partial z}{\partial x} & \frac{\partial z}{\partial y} \end{vmatrix} = \begin{vmatrix} 0 & 1 \\ \frac{x}{\sqrt{x^2+y^2}} & \frac{y}{\sqrt{x^2+y^2}} \end{vmatrix} = -\frac{x}{\sqrt{x^2+y^2}} = -\frac{x}{z}$$

$$\begin{vmatrix} \frac{\partial z}{\partial x} & \frac{\partial z}{\partial y} \\ \frac{\partial x}{\partial x} & \frac{\partial x}{\partial y} \end{vmatrix} = \begin{vmatrix} \frac{x}{\sqrt{x^2+y^2}} & \frac{y}{\sqrt{x^2+y^2}} \\ 0 & 1 \end{vmatrix} = - \frac{y}{\sqrt{x^2+y^2}} = - \frac{y}{z}$$

$$\begin{vmatrix} \frac{\partial x}{\partial x} & \frac{\partial x}{\partial y} \\ \frac{\partial y}{\partial x} & \frac{\partial y}{\partial y} \end{vmatrix} = \begin{vmatrix} 1 & 0 \\ 0 & 1 \end{vmatrix} = 1$$

$$x^2 + y^2 \neq 0$$

$$\therefore \; N = \frac{1}{\sqrt{2}}\left(- \frac{x}{z} i - \frac{y}{z} j + k\right)$$

$$D = [(r,\theta); 0 \leq r \leq 3, 0 \leq \theta \leq 2\pi]$$

∴ 구하는 면적은

$$\begin{aligned} \iint_D \frac{3}{\sqrt{9-x^2-y^2}} dxdy &= \int_0^{2\pi} \int_0^3 \frac{3}{\sqrt{9-r^2}} r dr d\theta \\ &= 6\pi \int_0^3 \frac{r}{\sqrt{9-r^2}} dr \\ &= 6\pi \left[- (9-r^2)^{\frac{1}{2}} \right]_0^3 \\ &= 6\pi \left[9^{\frac{1}{2}} \right] \\ &= 18\pi \end{aligned}$$

예제 6

$$D = \left[(x,y); 4 \le x^2 + y^2 \le 9, 0 \le x, 0 \le y\right]$$

$$z = x^2 + y^2$$

∴ 구하는 면적은

$$\iint_{\Sigma} \frac{xy}{z} d\sigma = ?$$

$$z = S(x,\ y) = x^2 + y^2$$

$$\iint_{\Sigma} \frac{xy}{z} d\sigma = \iint_{D} \frac{xy}{x^2+y^2} \sqrt{1+(2x)^2+(2y)^2}\, dydx$$

$$\left(\text{면적분 공식}: \iint_{\Sigma} f(x,y,z) d\sigma = \iint_{D} f(x,y,S(x,y)) \right.$$

$$\left. \sqrt{1+\left(\frac{\partial S}{\partial x}\right)^2+\left(\frac{\partial S}{\partial y}\right)^2}\, dydx \right)$$

$$x = r\cos\theta, y = r\sin\theta$$

$$D = \left[(r,\theta); 2 \le r \le 3, 0 \le \theta \le \frac{\pi}{2}\right]$$

면적분:

$$\iint_{\Sigma} \frac{xy}{z} d\sigma = \int_0^{\frac{\pi}{2}} \int_2^3 \frac{r^2 \cos\theta \sin\theta}{r^2} \sqrt{1+4r^2}\, r dr d\theta$$

$$= \int_0^{\frac{\pi}{2}} \cos\theta \sin\theta\, d\theta \int_2^3 r\sqrt{1+4r^2}\, dr$$

$$= \left[\frac{1}{2}\sin^2\theta\right]_0^{\frac{\pi}{2}} \left[\frac{1}{12}(1+4r^2)^{\frac{3}{2}}\right]_2^3 = \frac{1}{24}\left(37^{\frac{3}{2}} - 17^{\frac{3}{2}}\right)$$

예제 7

$$x = au\cos(v),\ y = bu\sin(v),\ z = u$$

$u_0 = \frac{1}{2}$ 과 $v_0 = \frac{\pi}{6}$ 에 의한 점 $P_0\left(\frac{a\sqrt{3}}{4}, \frac{b}{4}, \frac{1}{2}\right)$ 에서의 법선벡터를 구하라.

$$Jacobian$$

$$\left|\frac{\partial(y,z)}{\partial(u,v)}\right|_{\left(\frac{1}{2},\frac{\pi}{6}\right)} = \left[\frac{\partial y}{\partial u}\frac{\partial z}{\partial v} - \frac{\partial z}{\partial u}\frac{\partial y}{\partial v}\right]_{\left(\frac{1}{2},\frac{\pi}{6}\right)}$$

$$= [b\sin(v)(0) - bu\cos(v)]_{\left(\frac{1}{2},\frac{\pi}{6}\right)}$$

$$= \frac{-\sqrt{3}}{4}b$$

$$Jacobian$$

$$\left|\frac{\partial(z,x)}{\partial(u,v)}\right|_{\left(\frac{1}{2},\frac{\pi}{6}\right)} = \left[\frac{\partial z}{\partial u}\frac{\partial x}{\partial v} - \frac{\partial x}{\partial u}\frac{\partial z}{\partial v}\right]_{\left(\frac{1}{2},\frac{\pi}{6}\right)}$$

$$= [-au\sin(v) - a\cos(v)(0)]_{\left(\frac{1}{2},\frac{\pi}{6}\right)}$$

$$= \frac{-a}{4}$$

$$Jacobian$$

$$\left|\frac{\partial(x,y)}{\partial(u,v)}\right|_{\left(\frac{1}{2},\frac{\pi}{6}\right)} = \left[\frac{\partial x}{\partial u}\frac{\partial y}{\partial v} - \frac{\partial y}{\partial u}\frac{\partial x}{\partial v}\right]_{\left(\frac{1}{2},\frac{\pi}{6}\right)}$$

$$= [a\cos(v)bu\cos(v) - b\sin(v)(-au\sin(v))]_{\left(\frac{1}{2},\frac{\pi}{6}\right)}$$

$$= \frac{ab}{2}$$

$\therefore$ P_0 에서의 법선벡터 $N(x_0, y_0)$

$$N(P_0) = -\frac{\sqrt{3}}{4}bi - \frac{a}{4}j + \frac{ab}{2}k = N(x_0, y_0)$$

타원형 원추에 접하는 접평면 방정식은

$$\therefore -\frac{\sqrt{3}}{4}b\left(x - \frac{a\sqrt{3}}{4}\right) - \frac{a}{4}\left(y - \frac{b}{4}\right) + \frac{ab}{2}\left(z - \frac{1}{2}\right) = 0$$

$$\therefore \ P_0\left(\frac{a\sqrt{3}}{4}, \frac{b}{4}, \frac{1}{2}\right)$$

$$N(P_0) = N(x_0, y_0) = -\frac{\sqrt{3}}{4}bi - \frac{a}{4}j + \frac{ab}{2}k$$

예제 8

$$D = \left[(x,y); x^2 + y^2 \le 9\right]$$

곡면 방정식

$$z = S(x,y) = \sqrt{9 - x^2 - y^2} \ \rightarrow \text{ 상반구 표면}$$

$$\frac{\partial z}{\partial x} = -\frac{x}{\sqrt{9 - x^2 - y^2}} = \frac{-x}{z}$$

$$\frac{\partial z}{\partial y} = -\frac{y}{\sqrt{9 - x^2 - y^2}} = \frac{-y}{z}$$

상반구의 표면적

$$= \iint_D \sqrt{1+\left(\frac{x}{z}\right)^2+\left(\frac{y}{z}\right)^2}\,dxdy$$

$$= \iint_D \sqrt{\frac{z^2+x^2+y^2}{z^2}}\,dxdy$$

$$= \iint_D \frac{3}{\sqrt{9-x^2-y^2}}\,dxdy$$

$x = rcos(\theta),\ \ y = \sin(\theta)$ 라 하면,

적분영역 D는 원점에서 반지름 3인 원의 경계와 내부를 의미함

예제 9

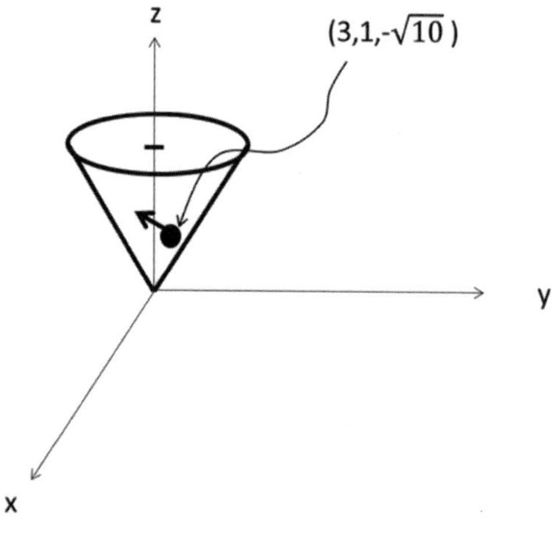

$$z = S(x,\,y) = \sqrt{x^2+y^2}$$

원추 곡면은

$$(x,y) \neq (0,0)$$

$$\frac{\partial S}{\partial x} = \frac{x}{\sqrt{x^2+y^2}}$$

$$\frac{\partial S}{\partial y} = \frac{y}{\sqrt{x^2+y^2}}$$

점$(3,1,-\sqrt{10})$에서 곡선에 대한 법선벡터는

$$N(3,1,-\sqrt{10}) = -\frac{3}{\sqrt{10}}i - \frac{1}{\sqrt{10}}j + k$$

→ 곡면의 안쪽으로 향함(내법선 벡터)

외법선 벡터(곡면의 바깥쪽으로 향함)

$$-N(P_0) = \frac{3}{\sqrt{10}}i + \frac{1}{\sqrt{10}}j - k$$

원추곡면은 뾰족한 점인 원점에서 법선벡터를 가지지 않음.

따라서, 접평면은 존재하지 않는다.

저자약력

최정호

미국 엠브리리들 항공대학원 항공우주공학 석사
호주 뉴사우스웨일즈 대학원 항공우주공학 박사

항공우주시스템공학회 「최우수논문상」, 대한기계학회 「우수논문상」,
한국융합학회 「우수논문상」 등 수상

전, 한국재료연구소 경량화재료팀 선임연구원
전, 한국항공우주산업(주) KF-X 구조종합팀 부품표준화 선임연구원
현, 경남대학교 프로네시스융합학부 교수

항공우주시스템공학회 학술이사 및 편집위원
한국융합학회 편집위원
대한기계학회 정회원

한국연구재단 위원
한국항공우주산업진흥협회 위원
중소기업정보진흥원 위원
국방기술진흥연구소 위원
한국 데이터산업진흥원 위원
경남로봇랜드재단 위원 등

벡터의 기초 및 심화과정

2023년 12월 25일 1판 1쇄 인쇄
2023년 12월 30일 1판 1쇄 발행

저 자 : 최 정 호
발행자 : 한 정 주
발행처 : 교육과학사

저자와의 협의하에 인지생략

경기도 파주시 광인사길 71
전화(031)955-6956~8/팩스(031)955-6037
Home-page: www.kyoyookbook.co.kr
E-mail: kyoyook@chol.com
등록: 1970년 5월 18일 제2-73호

낙장 · 파본은 교환해 드립니다.
Printed in Korea.

정가 12,000원
ISBN 978-89-254-1847-6